Md. Mahbubul Islam

Qualidade da semente, estabelecimento da planta e rendimento da juta

Md. Mahbubul Islam

Qualidade da semente, estabelecimento da planta e rendimento da juta

ScienciaScripts

Imprint

Any brand names and product names mentioned in this book are subject to trademark, brand or patent protection and are trademarks or registered trademarks of their respective holders. The use of brand names, product names, common names, trade names, product descriptions etc. even without a particular marking in this work is in no way to be construed to mean that such names may be regarded as unrestricted in respect of trademark and brand protection legislation and could thus be used by anyone.

Cover image: www.ingimage.com

This book is a translation from the original published under ISBN 978-620-2-06015-8.

Publisher:
Sciencia Scripts
is a trademark of
Dodo Books Indian Ocean Ltd. and OmniScriptum S.R.L publishing group

120 High Road, East Finchley, London, N2 9ED, United Kingdom
Str. Armeneasca 28/1, office 1, Chisinau MD-2012, Republic of Moldova, Europe
Printed at: see last page
ISBN: 978-620-7-91906-2

AGRADECIMENTOS

O autor exprime a sua profunda gratidão a Deus Todo-Poderoso pelas Suas bondosas bênçãos que lhe permitiram concluir esta dissertação.

É com grande prazer que o autor exprime o seu mais profundo sentimento de gratidão, bem como o seu sincero respeito e dívida para com o seu venerado supervisor, o Dr. Md. Abdur Rahman Sarkar, Professor e Diretor do Departamento de Agronomia da Universidade Agrícola do Bangladesh (BAU), Mymensingh, que muito o ajudou no planeamento e na execução do trabalho de investigação e na preparação desta dissertação, sem cujo apoio e ajuda este trabalho não teria ganho a dimensão que tem.

O autor deseja transmitir o seu mais profundo respeito ao seu venerado professor e co-supervisor, Dr. Masood Ahmed, Professor, Departamento de Agronomia, BAU, Mymensingh, pela sua orientação no planeamento, implementação e preparação deste manuscrito.

O autor exprime humildemente os seus sinceros agradecimentos e está sempre em dívida para com o membro do Comité de Supervisão, Dr. S. M. Altaf Hossain, Professor, Departamento de Agronomia, BAU, Mymensingh, pela sua orientação competente, supervisão constante, sugestões e críticas construtivas durante o planeamento, a implementação e a preparação do manuscrito da dissertação.

O autor gostaria de expressar o seu mais profundo respeito ao Dr. S. B. Siddique, Diretor-Geral (aposentado) do Instituto de Investigação do Arroz do Bangladesh, Gazipur, e ao então Diretor (Agricultura) do Instituto de Investigação da Juta do Bangladesh (BJRI), que o inspirou a empreender este programa e também pelas suas sugestões e críticas durante todo o período de trabalho.

O autor apresenta os seus sinceros agradecimentos ao Dr. F.A.H. Talukder, Diretor Científico (aposentado), Divisão de Agronomia, BJRI, Dhaka, pelas suas sugestões e críticas úteis durante a preparação deste manuscrito.

Os agradecimentos são extensivos ao Diretor-Geral do BJRI, Dhaka, por ter permitido a admissão e a deslocação do autor em missão para realizar este programa de estudos. Os agradecimentos são também extensivos ao Diretor (Agricultura) do BJRI, Dhaka, por lhe ter proporcionado instalações para trabalhos de investigação de campo e de laboratório.

O autor agradece cordialmente e sinceramente a todos os respeitados professores do Departamento de Agronomia, BAU, Mymensingh, especialmente ao Professor Dr. Md. Mahbubul Karim, ao Professor Dr. Md. Ashraful Kamal, ao Professor Ahamed Ullah Sarker, ao Professor Dr. M. Sultan Uddin Bhuiya, ao Professor Dr. Md. Abdus Samad, ao Professor Dr. Najrul Islam e ao Professor Dr. Muhammad Salim pela sua amável cooperação, conselhos valiosos e inspiração durante a realização deste trabalho.

Agradecemos cordialmente a todos os funcionários e agentes do Departamento de Gestão das Culturas e do Departamento de Fisiologia Vegetal da Divisão de Agronomia, BJRI, pela sua cooperação útil durante o trabalho de investigação. Agradecimentos especiais são também dirigidos à Sra. Kishowar Sultana, Directora Científica Principal e a todo o pessoal do Departamento de Fitopatologia, Divisão de Gestão de Pragas, BJRI, pela disponibilização de instalações laboratoriais para o teste de sanidade das sementes. Agradecimentos especiais são também extensivos à Sra. Nargis Akter, Responsável Científica Sénior, Divisão de Reprodução, Md. Nasir Uddin, Responsável Científico Sénior, Divisão de Sistemas Agrícolas de Juta, BJRI, Daca e Md. N. Nabi, Diretor Científico, Estação Experimental de Agricultura de Juta, Manikgonj, pela sua amável ajuda, cooperação e inspiração durante o trabalho de investigação. O autor agradece a Md. Wazuddin, Seed Tester, Agronomy Division, BJRI, Dhaka, que o ajudou muito durante o teste das sementes e ao Sr. Bazlur Rahman, Estenógrafo, BJRI, pela redação da dissertação por computador com o maior cuidado e sinceridade.

Agradecimentos cordiais são extensivos a todos os amigos e votos de felicidades pela sua inspiração, sacrifícios e carinho durante todo o período da tarefa. O autor manifesta o seu profundo apreço por todos os membros da família, a esposa, Sra. Nighat Sultana, Directora Adjunta (CPSS), Bangladesh Sugar and Food Industries Corporation, os dois filhos, Muhammad Alvee Islam Navid e Tahmid Yeazdan Nabil e todos os outros familiares que apoiaram de todo o coração e rezaram para que este trabalho fosse concluído com êxito.

O autor

ESBOÇO BIOGRÁFICO

O Sr. Md. Mahbubul Islam, filho de Md. Abul Fazal Sarker (falecido) e da Sra. Motia Begum, engenheiro agrónomo, trabalha como principal funcionário científico e chefe do Departamento de Gestão das Culturas, Divisão de Agronomia, Instituto de Investigação da Juta do Bangladesh (BJRI), Daca. Obteve o seu B.Sc.Ag. (Hons) em 1984 e o M.Sc.Ag. (Agronomia) em 1987 na Universidade Agrícola do Bangladesh, Mymensingh. Participou numa formação intitulada "Metodologia de Investigação de Sementes" realizada na Universidade de Edimburgo, Escócia, Reino Unido. Recebeu várias formações no país sobre planeamento e avaliação da investigação, metodologia de investigação de sistemas agrícolas, estatística aplicada, papel da antropologia na agricultura, análise de custos e rendimentos na agricultura, simulação informática para o crescimento de culturas e gestão de recursos, gestão de dados, língua inglesa para comunicação e desenvolvimento de competências de estudo, gestão administrativa e financeira e vários aspectos das linguagens informáticas.

Tem quase dezanove anos de experiência de investigação em planeamento, execução, acompanhamento, avaliação e elaboração de relatórios de projectos agrícolas, melhoria da produção de sementes e investigação tecnológica de sementes, estudo de padrões de cultivo, produção de culturas através da manipulação de práticas agronómicas para redução de custos, avaliação de estirpes ou variedades promissoras/avançadas de reprodução em função de atributos agronómicos, etc. O Sr. Islam iniciou a sua carreira como funcionário científico em 1989 e desenvolveu gradualmente a sua carreira com experiência em investigação agrícola e administração. De 1996 a 1998, participou ativamente no planeamento e execução de programas de investigação agronómica e tecnológica de sementes no âmbito do Projeto de Serviços de Apoio à Agricultura (ASSP) organizado pelo Ministério da Agricultura do Bangladesh, financiado pelo DFID. O Sr. Islam tem dois livros publicados (i. Sobre a investigação de sementes de juta e ii. Agricultural technologies of jute, kenaf and mesta crops) e mais de cinquenta publicações (artigos científicos, artigos populares, documentos de trabalho, etc.) em diferentes jornais nacionais e internacionais de renome, actas e revistas de notícias. Está ativamente associado a diferentes associações profissionais: Krishibid Institution, Bangladesh, Agronomy Society. Bangladesh, e Sociedade de Ciência das Sementes, Bangladesh.

O Sr. Islam nasceu em 1963 em Dhaka e provém de uma família muçulmana respeitável e culta do distrito de Sirazganj. A sua esposa, a Sra. Nighat Sultana, é agricultora e trabalha na Bangladesh Sugar and Food Industries Corporation como directora-adjunta. Tem dois filhos, Md. Alvee Islam Navid e Tahmid Yeazdan Nabil. É genro do eminente e distinto agrónomo do Bangladesh, Professor Musleh Uddin Ahmed (falecido), ex-Diretor (Extensão e Gestão), Departamento de Extensão Agrícola, Bangladesh.

QUALIDADE DAS SEMENTES, ESTABELECIMENTO DAS PLANTAS E RENDIMENTO DA JUTA AFECTADOS PELA FONTE DE SEMENTES

M, M, Islão

RESUMO

O estudo tinha por objetivo determinar a qualidade das sementes, o vigor, a emergência, o estabelecimento das plantas, a produção de fibras e de sementes de juta colhidas em cinco fontes de sementes diferentes. Foram realizadas nove experiências, uma das quais em laboratório, quatro sobre a emergência e o estabelecimento das plantas, duas sobre a produção de fibras e duas sobre a produção de sementes, durante o período compreendido entre maio de 2001 e fevereiro de 2004, As experiências de laboratório foram realizadas no Laboratório de Agronomia, Divisão de Agronomia do Instituto de Investigação sobre a Juta do Bangladesh (BJRI), Daca, As experiências de emergência e de estabelecimento das plantas foram realizadas na estufa do BJRI, Daca, e na Estação Experimental de Agricultura da Juta (JAES), Manikganj, As experiências de produção de fibras e de sementes foram realizadas na JAES, Manikganj, As variedades de juta, CVL-1 de *Corchorus capsularis* L, e 0-9897 de *C*. Os tratamentos incluíram cinco fontes diferentes de sementes de CVL-1 e 0-9897 viz, BJRI, Bangladesh Agricultural Development Corporation (BADC), agricultores de duas áreas de cultivo de juta e mercado local, Foram realizadas experiências em estufa e no campo para estudos de emergência e estabelecimento de plantas; e foram seguidos métodos convencionais e melhorados de produção de sementes em estudos de rendimento de sementes, As experiências laboratoriais foram estabelecidas de acordo com um desenho completamente aleatório com cinco réplicas e. Experiências em estufa e no campo por um desenho aleatório completo e completo; Os resultados revelaram que os atributos de qualidade das sementes CVL-1 e 0-9897, o índice de vigor, a emergência, o estabelecimento das plantas, a fibra e o rendimento das sementes variaram significativamente devido às fontes de sementes, as fontes de sementes BJRI e BADC de ambas as variedades de juta não tinham agentes patogénicos e apresentavam melhor qualidade, A má qualidade das sementes dos agricultores e do mercado de ambas as variedades foi associada a um teor mais elevado de matéria inerte e de humidade. Quanto mais elevado o teor de humidade, mais baixa e mais lenta (medindo a taxa de germinação e o índice de vigor) é a germinação das sementes dos agricultores e do mercado, A emergência foi mais lenta e o tamanho das plântulas nas mesmas épocas de colheita (até 60 dias) foi mais baixo em comparação com as sementes BJRI e BADC para ambas as variedades de juta. Um teor de humidade mais baixo mostrou maior germinação, índice de vigor e emergência, A relação entre a germinação, o índice de vigor, a pureza, a emergência, a fibra e a produção de sementes foi altamente significativa e positiva. No entanto, foi significativamente o inverso com os agentes patogénicos e o teor de humidade das sementes,

ÍNDICE

CAPÍTULO 1

INTRODUÇÃO

A juta (*Corchorus* spp.) é uma das culturas de rendimento mais importantes do Bangladesh. É um termo comum utilizado tanto para a planta como para a fibra obtida a partir da casca das plantas *Corchorus capsularis* L. e *Corchorus olitorius* L. Estas duas espécies são plantas anuais e de dia curto pertencentes à família Tiliaceae. Entre os países produtores de juta do mundo, o Bangladesh ocupa o segundo lugar em termos de produção. Em 2003-2004, foram produzidas 0,794 milhões de toneladas de juta em 0,39 milhões de hectares de terra, o que corresponde a 4,73% da área cultivada total (BBS, 2004). Através da exportação de juta e de produtos de juta, o país ganha cerca de 9% do total de divisas estrangeiras. A juta é cultivada principalmente para a fibra e não para a semente. A sua fibra é utilizada principalmente para o fabrico de hessian, sacos e tapetes. Tem utilizações versáteis no fabrico de esteiras, cobertores, tecidos para mobiliário e materiais de embalagem. Para além da utilização da fibra de juta, as varas e os caules de juta são tradicionalmente utilizados como combustível nas zonas rurais. Além disso, os paus são utilizados como materiais de construção de casas, quer diretamente, quer com painéis duros transformados por moagem, enquanto as folhas são utilizadas como legumes favoritos. Além disso, as plantas de juta melhoram a produtividade do solo devido à queda maciça de folhas e à proliferação de raízes no campo. Atualmente, está a ser feita uma tentativa de popularizar as plantas de juta para o fabrico de pasta de papel nas indústrias de papel.

A juta é predominantemente cultivada para a produção de fibras, pelo que é dada pouca atenção à sua produção de sementes. Convencionalmente, os agricultores do Bangladesh produzem sementes de juta juntamente com a cultura de fibras. A cultura da juta necessita de mais alguns meses para produzir sementes e os agricultores mantêm algumas plantas no canto do campo para esse efeito. Após a colheita da cultura de fibras, a cultura de sementes permanece quase sem cuidados durante um longo período. O mau tempo, a incidência de doenças e de pragas de insectos afectam a cultura de sementes e, como tal, são produzidas sementes de má qualidade. Devido ao menor rendimento e à má qualidade das sementes, os agricultores estão mais interessados em obter sementes de fontes governamentais, embora na maioria das vezes não consigam obter boas colheitas de sementes de má qualidade nos mercados.

A semente é o fator de produção básico para a produção de culturas. Sementes de qualidade de variedades de alto rendimento são a chave para um melhor estabelecimento e rendimento das culturas. De acordo com Thomson (1979), a qualidade da semente é um conceito múltiplo que inclui vários componentes. Os componentes são: pureza física, pureza da espécie, ausência de sementes de ervas daninhas, pureza da cultivar, capacidade de germinação, viabilidade, vigor, tamanho da semente, saúde da semente e teor de humidade. Se as sementes não forem de boa qualidade, a utilização de outros factores de produção e de tecnologias de produção vegetal não fará sentido.

No Bangladesh, a disponibilidade de sementes de alta qualidade é um grande problema. Não existem organizações de produção de sementes suficientes para satisfazer as necessidades. Os agricultores produzem habitualmente sementes de juta a partir de uma parte do campo utilizado para a produção de fibras, não sendo cultivadas sementes separadamente, o que lhes permitiria aplicar os princípios e práticas da produção de sementes. Vendem as sementes de alta qualidade das suas culturas no mercado para obterem o máximo rendimento e armazenam as sementes não classificadas para sementeira na estação seguinte. O tempo quente e húmido durante a produção e armazenamento de sementes afecta negativamente a qualidade das sementes (Copeland e McDonald, 1995).

O Bangladesh necessita de cerca de 4.000 toneladas métricas de sementes de juta, das quais apenas 12-15% são produzidas e distribuídas pela Bangladesh Agricultural Development Corporation (Salim *et al.*, 1998). A restante quantidade de sementes é produzida e utilizada exclusivamente pelos agricultores. A qualidade das sementes dos agricultores não é mantida cuidadosamente durante a produção, a transformação e a armazenagem. Em muitos casos, os agricultores recolhem as suas sementes junto dos seus amigos ou vizinhos. Em ambos os casos, não existe um sistema específico de controlo da qualidade das sementes. Por conseguinte, considera-se que a qualidade das sementes produzidas pela maioria dos agricultores é de baixa qualidade. Além disso, há muito pouca informação sobre o nível de conhecimento dos agricultores sobre a produção de sementes de juta e o método de controlo da qualidade antes da sementeira. Os agricultores geralmente não estão conscientes da qualidade das sementes que produzem ou semeiam. A partir dessas sementes, os agricultores obtêm, por vezes, uma boa germinação e uma boa colheita, mas na maioria dos casos obtêm uma má germinação e uma colheita fraca e, ocasionalmente, as sementes não germinam, o que resulta num fracasso total da colheita (Hossain *et al.*, 1994a).

A taxa de sementes para a cultura da juta utilizada pelos agricultores é, de facto, muito superior às necessidades reais. O Bangladesh Jute Research Institute recomendou 7 kg ha^{-1} para a *Corchorus capsularis* L. e 5 kg ha^{-1} para a *Corchorus olitorius,* L. mas, na prática, os agricultores semeiam quase 12 kg ha^{-1} para a *Corchorus capsularis* L. e 10 kg ha^{-1} para a *Corchorus olitorius* L., que são quase o dobro do recomendado. Os agricultores preferem sempre utilizar uma taxa de sementes mais elevada para compensar uma germinação mais baixa. Se for possível manter uma qualidade satisfatória das sementes de juta, a necessidade de sementes poderá ser reduzida em pelo menos 50% da procura atual. As sementes de juta de qualidade de uma variedade melhorada proporcionam cerca de 20% de rendimento adicional, embora todos os anos se registe uma escassez aguda de sementes de qualidade (Hossain *et al.*, 1994b).

Por vezes, as sementes com uma viabilidade elevada, mas com um vigor deficiente, podem não dar origem a uma emergência satisfatória de plântulas no campo. A falta de conhecimentos sobre a medição da qualidade e do vigor das sementes de juta resulta em informações erróneas sobre o potencial das sementes. Além disso, a qualidade das sementes de juta deve ser boa (vigor elevado) para que a maioria das sementes possa germinar rapidamente com pouca variação no tempo de emergência, devido ao facto de as condições no campo ou na cama de sementes não serem ideais (Hampton e Coolbear, 1990). No teste de germinação padrão, as sementes são germinadas num ambiente favorável, o que pode prever corretamente o desempenho no campo em condições óptimas (Copeland e McDonald, 1995). No entanto, as condições óptimas de germinação raramente ocorrem no campo (ISTA, 1981). A emergência no campo é, portanto, normalmente inferior à prevista pelo ensaio de germinação (McDonald, 1980a). Em determinadas condições de campo, alguns lotes de sementes têm melhor desempenho do que outros, mesmo com viabilidade semelhante (ISTA, 1981). As diferenças de desempenho entre lotes de sementes, que o teste de germinação indica serem de qualidade semelhante, podem também ocorrer após períodos de armazenamento (Hampton e Coolbear, 1990). Os testes de vigor destinam-se a complementar o teste de germinação (Matthews, 1979) e foram concebidos para fornecer informações adicionais sobre o potencial fisiológico de um lote de sementes, ou seja, informações relativas ao armazenamento e ao potencial de plantação (Ferguson, 1993).

Jain e Saha (1971) observaram que as sementes de *Corchorus capsularis* L. mantinham a viabilidade melhor do que as de *Corchorus olitorius* L., mas não encontraram qualquer correlação entre o teor de humidade das sementes e a manutenção da viabilidade. As sementes recém-colhidas contêm cerca de 20-25% de humidade e não possuem dormência. Por conseguinte, é altamente essencial secar a semente de juta ao sol durante pelo menos 4 dias para reduzir o teor de humidade para cerca de 9%. Islam (1996) teve a opinião de que a germinação após 48 horas era um bom índice de vigor, observou uma germinação em laboratório 15-20% mais elevada do que a emergência no solo em cultura de vaso.

Existem muitas fontes dos sectores público e privado para as sementes de juta no Bangladesh. O BADC, o BJRI e o Ministério da Juta são os sectores públicos e diferentes ONG e agricultores são as fontes privadas de sementes de juta. O país vizinho é também uma grande fonte de sementes de juta. A qualidade das sementes de juta não varia apenas de agricultor para agricultor, mas também de fonte para fonte e mesmo de espécie para espécie. O produtor e o consumidor de sementes de juta estão igualmente interessados na qualidade das sementes. As informações relativas a esta variabilidade da qualidade das sementes de juta são muito raras no Bangladesh. Além disso, a categoria e a extensão da qualidade das sementes de juta de diferentes fontes e espécies estão ainda por esclarecer.

O estado de qualidade das sementes de juta a nível das explorações agrícolas é muito pobre e os agricultores ignoram normalmente a qualidade das sementes e os testes de avaliação da qualidade. Não conhecem a percentagem de germinação, o valor de vigor, os agentes patogénicos associados e a percentagem de humidade nas suas sementes. Embora se fale muito da qualidade das sementes, ainda não foi feito qualquer esforço para avaliar a qualidade das sementes a nível das explorações agrícolas, apesar de 75% das necessidades totais de sementes de juta serem exclusivamente produzidas e distribuídas pelos agricultores. Se for possível abordar e apelar aos produtores de sementes sobre os seus problemas em matéria de sementes e ajudá-los a avaliar a qualidade das sementes de juta, eles poderão estabelecer esta atividade como uma empresa rentável.

Para além do potencial de qualidade, a emergência no campo, o estabelecimento, a produção de fibras e de sementes de juta de diferentes origens são diferentes, pelo que os agricultores estão a perder ao utilizarem as suas próprias sementes de má qualidade ou ao adquirirem-nas nos mercados locais. Por vezes, os agricultores de juta subsistentes não podem pagar as sementes do sector público. Por outro lado, essas sementes não lhes chegam atempadamente quando precisam de semear no campo. Isto significa que é essencial identificar os problemas relacionados com a avaliação da qualidade das sementes de juta e as práticas de produção a nível das explorações agrícolas, o que sensibilizará os agricultores para os atributos de qualidade das sementes, o vigor e a saúde das sementes, o estabelecimento satisfatório das culturas e um rendimento mais elevado. Estas informações de base são essenciais para ultrapassar os problemas acima referidos e para desenvolver uma consciência a nível das explorações agrícolas sobre a qualidade das sementes de juta, a utilização de testes de avaliação da qualidade das sementes e a avaliação de diferentes fontes de produção e de fornecimento de sementes de juta relativamente a diferentes aspectos de qualidade. O presente estudo foi, por conseguinte, concebido com os seguintes objectivos

    i)   Avaliar os atributos de qualidade e o vigor das sementes de juta recolhidas de diferentes fontes de sementes.

    ii)   Determinar a emergência e o estabelecimento de plantas de sementes de juta obtidas de diferentes fontes.

    iii)   Avaliar o desempenho da fibra e do rendimento das sementes de juta recolhidas de diferentes fontes.

CAPÍTULO 2

REVISÃO DA LITERATURA

A investigação sobre a juta, principalmente no que respeita à melhoria da gestão cultural, ao desenvolvimento de variedades, ao controlo de pragas e doenças e à melhoria da qualidade das fibras, foi consideravelmente levada a cabo, embora, no passado, tenha sido dada pouca atenção à origem das sementes, à produção, ao processamento pós-colheita e aos aspectos de qualidade, o que é muito importante. Por conseguinte, apresenta-se aqui uma breve revisão dos trabalhos de investigação efectuados sobre sementes de juta a partir da literatura disponível pertinente para este trabalho de investigação concebido.

2.1 Semente de juta e sua categorização

Ali (1963) realizou uma experiência sobre os métodos de armazenamento de sementes de juta (*Corchorus capsularis* L. e *Corchorus olitorius* L) à temperatura ambiente, e a idade das sementes para o crescimento e o comportamento da floração. Verificou que as sementes armazenadas em sacos de artilharia e em vasos de barro se deterioravam rapidamente devido à absorção de humidade da atmosfera. As sementes permaneceram viáveis durante mais de um ano em latas herméticas e em frascos de vidro. Contudo, as plantas de juta cultivadas a partir de sementes com um ano de idade e de sementes frescas não mostraram qualquer diferença no seu crescimento e data de floração.

Talukder e Rahman (1989) desenvolveram uma norma de pureza das sementes de juta que foi aprovada pelo National Seed Board (NSB) como norma provisória para as sementes de juta (*Corchorus* spp). A norma consistia num mínimo de 96% de sementes puras, um máximo de 3% de matéria inerte, um máximo de 0,05% de sementes de outras culturas, um máximo de 0,05% de sementes de ervas daninhas e um máximo de 1,00% de outras variedades

Talukder e Ali (1977) relataram que os frutos de *Corchorus capsularis* L. tinham 1,0 a 1,5 cm de diâmetro e forma redonda. A superfície do fruto era enrugada, muito raramente lisa. As sementes, em número de 7 a 10, estavam dispostas em duas filas sem partição transversal em cada uma das 5 câmaras. Cada fruto contém 35 a 50 sementes. Por outro lado, em *Corchorus olitorius*

L., o fruto é uma cápsula alongada com 5 a 6 loci contendo 25 a 40 sementes dispostas numa única fila com uma divisão transversal entre as sementes. Havia 125 a 200 sementes em cada fruto de *Corchorus olitorius* L. A cor das sementes era normalmente castanho-chocolate em *Corchorus capsularis* L., embora também se encontrassem sementes de cor azulada. A cor do revestimento das sementes de *Corchorus olitorius* L. varia de verde-azulado ou enegrecido a cinzento-aço e acastanhado. Nalgumas estirpes de *Corchorus olitorius* L. foram encontradas sementes de cor chocolate. As sementes de juta não são redondas, têm uma forma piramidal com 4-5 faces. As sementes de *Corchorus olitorius* L. eram mais pequenas do que as de *Corchorus capsularis* L.

Islam *et al.* (1999) avaliaram as sementes de juta, kenaf e rosela com base no peso e no volume e no número de sementes kg^{-1}. Número de sementes por litro^{-1}, volume kg^{-1} sementes, percentagem de germinação, valor de vigor e percentagem de humidade diferiram significativamente entre todas as culturas estudadas. A gama de germinação foi de 80-89%, o vigor de 32-36% e a humidade de 6,92-8,11%.

Schachl (1984) observou que havia diferenças no peso de mil sementes entre as duas espécies. Ghosh e Sen (1983) separaram as sementes a granel de *Corchorus olitorius* L., variedade JRO-632, em tamanhos grandes, médios e pequenos e observaram que a germinação das sementes de tamanho pequeno era mais lenta e produzia plântulas fracas do que as de tamanho grande.

2.2 Factores que afectam a qualidade das sementes

De um modo geral e na maioria dos casos, as sementes deterioram-se lentamente ao longo do tempo em condições normais de armazenamento. Este processo de deterioração depende do teor de humidade inicial da própria semente e da temperatura e humidade relativa do ambiente de armazenamento. Se as sementes forem mantidas num ambiente fechado com temperatura e humidade relativa elevadas, este processo de deterioração é acelerado. O grau de deterioração das sementes envelhecidas naturalmente também varia em função da viabilidade inicial, do vigor, do teor de humidade das sementes e do ambiente de armazenamento (Roberts, 1972).

Jain e Saha (1971) relataram que a deterioração da viabilidade e do vigor das sementes durante o armazenamento está relacionada com as próprias sementes e com as condições de armazenamento. Os factores das sementes são as características genéticas, as condições de crescimento, o vigor e a viabilidade iniciais, o teor de humidade absoluta, o estado do revestimento das sementes e os tipos de sementes. Os factores de armazenamento incluem a temperatura e a humidade relativa do armazém e a taxa e extensão das alterações no teor de humidade das sementes. As condições de armazenamento podem alterar o tempo de vida das sementes.

Delouche e Baskin (1973) apresentaram a sequência provável de alterações nas sementes durante a deterioração. Várias teorias têm sido avançadas para explicar a deterioração das sementes. A deterioração das sementes é um processo inexorável e irreversível caracterizado por alterações físicas, bioquímicas e fisiológicas graduais no tecido da semente que, em última análise, conduzem à morte. A temperatura elevada e a humidade no ambiente de armazenamento parecem ser os principais factores envolvidos na deterioração das sementes. Além disso, o clima desfavorável no campo durante a colheita, o processamento e a secagem, a presença de microrganismos, a infestação de insectos, etc., são factores adicionais que aceleram a deterioração das sementes. A perda da capacidade germinativa é a manifestação final da deterioração das sementes e, finalmente, muitas coisas acontecem antes da morte das sementes.

Christensen (1972) observou que a perda de viabilidade das sementes era devida a fungos de armazenamento e que a extensão da deterioração estava relacionada com o teor de humidade das sementes, a temperatura de armazenamento e a disponibilidade de oxigénio. Ching (1973) relatou um declínio na viabilidade associado à redução da atividade do fosfato ácido. Koostra (1973) verificou que a deterioração das sementes estava associada à desintegração do lema plasmático e de outras membranas celulares durante o envelhecimento. Roberts e Osborne (1973) mostraram a perda de viabilidade associada à privação de moléculas de ADN.

Durante a investigação sobre a viabilidade das sementes de juta, foi detectada uma substância inibidora do crescimento das raízes nas sementes de juta em deterioração. O conteúdo do inibidor foi encontrado correlacionado com a percentagem de viabilidade das sementes. Isto significa que o inibidor foi sintetizado durante o processo de deterioração das sementes devido ao maior teor de humidade das sementes (Khandakar e Bradbeer, 1983). Roberts (1973a) sugeriu que a deterioração da semente prossegue com anormalidades fisiológicas e ultra-estruturais da semente, que incluem alterações no protoplasma, núcleo, mitocôndrias, plastídeos, ribossomas e lisossomas. Foi concebido que as actividades de enzimas como a álcool desidrogenase, a amilase, a catalase, a celulase, a citocromo oxidase, a glutamato descarboxilase, a malato desidrogenase e a fenolase são degradadas durante o envelhecimento da semente (Baki e Anderson, 1972). As alterações cromossómicas letais provocadas pela acumulação de substâncias automutagénicas podem também ser a causa possível da perda de viabilidade das sementes durante o armazenamento.

Chatterjee *et al.* (1976) detectaram Kaempforol-4-methylether, Kaempforol, quarcetina e ácido cafeico em sementes de arroz não viáveis, mas não em sementes viáveis. O inibidor era solúvel em água e transmissível na natureza. O inibidor pode suprimir a viabilidade e o vigor de sementes frescas de juta quando estas são deixadas em mistura com sementes viáveis. Verificou-se que o inibidor causava uma inibição de 50% do crescimento da raiz primária da juta a uma concentração de 74 mg por litro. Harrington (1960) afirmou que a fome local nas células do embrião causava a deterioração das sementes. Segundo ele, o teor de humidade das sementes durante o armazenamento é muitas vezes suficientemente elevado para suportar uma elevada taxa de respiração, mas não o suficiente para a hidrólise e o transporte de materiais alimentares solúveis do tecido de suporte para o eixo embrionário para uma respiração contínua, resultando na morte das células do eixo embrionário devido à fome local.

As sementes sofrem várias alterações físicas e químicas à medida que a deterioração progride. A perda da permeabilidade controlada pela membrana celular e subcelular é um dos primeiros passos da deterioração. As sementes envelhecidas e deterioradas tornam-se "permeáveis" e muitas substâncias difundem-se para fora da semente quando esta é colocada em contacto com a água. À medida que a deterioração progride, a taxa de metabolismo da glicose e a atividade de várias enzimas foram reduzidas (Gill, 1969; Islam, 1967), enquanto a quantidade de ácidos gordos livres aumentou (Rajanna, 1972)

Shakra e Ching (1967) estudaram a atividade das mitocôndrias durante a germinação de sementes de soja velhas e novas. Verificaram que as mitocôndrias isoladas de sementes de soja velhas apresentavam uma eficiência fosforilativa reduzida em comparação com as sementes de soja novas; redução do crescimento, desenvolvimento e rendimento das plantas devido à deterioração das sementes em leguminosas, cereais e outras culturas. Byrd (1970) observou que as sementes de soja deterioradas produziam uma redução da emergência das plântulas e do desenvolvimento inicial das plantas e, finalmente, uma redução do rendimento das plantas[-1] . Além disso, não encontrou diferenças significativas de rendimento entre plantas produzidas a partir de sementes de diferentes níveis de vigor sob densidades iguais de população de plantas.

Sittisroung (1970) observou a deterioração de sementes de arroz armazenadas a 20° C e 30° C com 75% de UR por períodos que variaram até 13 meses. Os resultados indicaram que a condição fisiológica da semente influenciou o crescimento e o desenvolvimento da planta de arroz ,
As sementes deterioradas germinaram, emergiram e desenvolveram-se em plântulas e plantas juvenis de crescimento relativamente lento. Estas plantas de crescimento lento não perfuram profusamente nem acumulam muita matéria seca como as plantas produzidas por sementes de boa qualidade. A redução do perfilhamento e da produção de matéria seca resulta numa redução de 10 a 20% do rendimento de grãos.

A secagem excessiva das sementes ou a secagem demasiado rápida provocam danos físicos, tais como fissuras no revestimento das sementes e fissuras de tensão. As sementes demasiado secas são mais susceptíveis a danos mecânicos durante o manuseamento. A sub-secagem pode provocar o aquecimento respiratório, a formação de bolor e a perda de germinação (Boyd *et al.*, 1960). Os autores afirmam ainda que a humidade das sementes, para um armazenamento seguro, deve ser de 12-14% ou menos, dependendo do tipo de sementes e das condições de armazenamento.

Dhesi (1963) referiu que o aumento da temperatura em combinação com um elevado teor de humidade das sementes aumentava as actividades de vida das sementes, combinando a temperatura e o teor de humidade das sementes. Harrington e Douglas (1970) estimaram o tempo de armazenamento das sementes de cereais em função do grau de humidade das sementes no início da prática de armazenamento. O tempo de armazenamento estimado pode ser visto no gráfico seguinte:

Teor de humidade das sementes	Tempo de armazenamento
11-13%	1-2 anos
10-12%	1 ano
9-11%	2 anos
8-10%	4 anos

Se as sementes forem mantidas com um elevado teor de humidade, a perda pode ser muito rápida devido ao crescimento de bolores nas sementes (12-14% de humidade) ou devido a um aquecimento de 18-20%. Dentro dos limites normais, a atividade biológica das sementes, dos insectos e dos bolores aumenta ainda mais com o aumento da temperatura. Quanto mais elevado for o teor de humidade das sementes, mais afetado será o limite superior e inferior da temperatura.

A temperatura e o teor de humidade são os principais factores que influenciam a viabilidade das sementes durante o armazenamento. Após a debulha, as sementes de juta contêm cerca de 25 por cento de humidade. Este teor de humidade deve ser reduzido para 6 a 8 por cento através de uma secagem ao sol de 3 a 5 dias completos. A menos que o nível de humidade seja reduzido para um nível seguro, o excesso de humidade prejudica a viabilidade das sementes com o aumento da temperatura durante o armazenamento. As sementes de juta com excesso de humidade e temperatura mais elevada (30^0 C ou mais) no armazenamento perdem a viabilidade muito rapidamente. No Bangladesh, o período de armazenamento das sementes de juta varia entre 5 e 7 meses. Depois de meados de fevereiro, a temperatura diurna começa a subir e em março sobe para $35°$ C ou mais e deteriora a viabilidade a um ritmo mais rápido (Hossain *et al.*, 1994a). Gorechi (1982) observou que as sementes de ervilha armazenadas em condições de humidade relativa elevada perdiam a viabilidade e o vigor mais rapidamente do que as armazenadas em ar seco. Barber *et al.* (1975) referiram que o verão húmido tende a reduzir a viabilidade das sementes armazenadas durante longos períodos. A viabilidade das sementes de arroz diminui com o aumento da humidade relativa e do tempo de armazenamento (Paricha *et al.*, 1977).

Jain e Saha (1971) efectuaram experiências de armazenamento com cinco variedades de *Corchorus capsularis* L. e quatro variedades de *Corchorus olitorius* L. Armazenaram as sementes em frascos de vidro com rolha. O seu relatório indicou que as sementes de *Corchorus capsularis* L. mantinham uma melhor viabilidade do que as de *Corchorus olitorius* L. e que as variedades de cada espécie também apresentavam variações na manutenção da viabilidade das sementes. Após 38 meses, as viabilidades médias foram de 79,9% para *Corchorus capsularis* L. e 68,4% para *Corchorus olitorius* L. Khandakar (1982) mostrou que a perda de nutrientes em sementes de juta deterioradas pode ser até 10 vezes, dependendo da extensão da deterioração, que inclui açúcar e aminoácidos. Também referiu que as sementes de *Corchorus olitorius* L. perderam a viabilidade devido ao seu armazenamento a 32° C com um teor de humidade de 12% durante dois anos. Factores como a humidade, a temperatura, a proporção de sementes infectadas, os materiais estranhos, a atividade dos insectos, a disponibilidade de oxigénio e a microflora e fauna associadas estavam relacionados com a retenção da viabilidade das sementes durante o armazenamento.

Delouche (1971) mencionou dois factores ambientais mais importantes para o armazenamento de sementes, nomeadamente a humidade e a temperatura. A humidade relativa, que determina o teor de humidade das sementes, é um fator mais importante do que a temperatura. Villers (1978) também considera que a temperatura de armazenamento é o fator seguinte ao teor de humidade. Hossain *et al.* (1994) afirmaram que o teor de humidade das sementes era talvez o fator mais importante que regulava a longevidade das sementes durante o armazenamento.

Bhattacharyya e Dutta (1972) armazenaram sementes de juta com (1) 7-17% de humidade em recipientes selados (garrafas de vidro ou sacos de plástico duplos) com 33% de ar a 5^0 C de temperatura e 75% de humidade relativa, (2) 10-16,5% de humidade em sacos de plástico duplos selados com sílica gel (10% do peso da semente) num saco de algodão à temperatura ambiente e humidade relativa e (3) 12,4% de humidade a 30° C de temperatura e 32,4 a 51,4% de humidade relativa durante 2 anos e referiram que não houve redução da percentagem de germinação.

Bose e Bhattacharyya (1974), nos seus ensaios com sementes de *Corchorus olitorius* L. cv. JRO-632 e *Corchorus capsularis* L. cv. JRC-321 com um teor de humidade de 9-10%, armazenadas em frascos de vidro selados com cera, dessecadas sob gás N^2 ou em teste completamente imerso em parafina líquida, não tiveram efeito na percentagem de germinação. Khandakar e Bradbeer (1983) recomendaram que tanto as sementes de *Corchorus capsularis* L. como as de *Corchorus olitorius* L. poderiam ser armazenadas com segurança durante um ano com um teor de humidade de 10%. No entanto, tal prática por mais de um ano não seria tão prejudicial para as sementes de Corchorus *capsularis* L., mas seria deletéria para as sementes de *Corchorus olitorius* L..

Hossain *et al.* (1994b) também referiram que o teor de humidade das sementes tinha uma correlação muito elevada e negativa com a percentagem de germinação das sementes. No seu estudo, foram recolhidas amostras de sementes de seis regiões do Bangladesh, com 100 amostras de cada local na véspera da época de plantação. Os valores do coeficiente de correlação (r) variaram entre locais de 0,75 a -0,96, onde o teor de humidade das sementes variou de 5 a 20% e a germinação das sementes variou de 098%. Os autores também estimaram a viabilidade das sementes em 80% com o ajuste do teor de humidade das sementes em 5,62%. Afirmaram ainda que o teor de humidade das sementes tinha uma correlação muito elevada e positiva com a associação do patógeno fúngico. Os valores do coeficiente de correlação ® variaram de 0,33 a 0,86 em seis locais. A equação de regressão média foi Y = -2,11 + 0,56x. De acordo com esta equação, a eliminação completa da associação de fungos só foi possível quando o teor de humidade das sementes foi reduzido para 3,77%.

Os factores pré-colheita, como o efeito do fotoperíodo, são presumivelmente muito importantes para a qualidade da semente de juta, porque a cultura de juta plantada em condições de fotoperíodo exorbitante e curto dá menos peso de 1000 sementes e menor viabilidade de sementes (Talukder e Akanda, 1994).

2.3 Agentes Patogénicos Responsáveis pela Deterioração da Qualidade das Sementes

Khandakar *et al.* (1994) referiram, numa revisão da literatura, que os relatórios anuais do departamento de fitopatologia, BJRI, de 1960-1994, foram revistos por A. Q. Ahmed e K. Sultana, que afirmaram que a maioria dos agentes patogénicos fúngicos das culturas de fibras liberianas e um bom número de saprófitas são transmitidos por sementes. As sementes infectadas são a principal fonte de doenças transmitidas por sementes. Para evitar a incidência de infecções secundárias, é necessário estudar a saúde das sementes antes da sementeira e examinar e identificar os agentes patogénicos. Foram examinadas todos os anos diferentes variedades de juta, kenaf e mesta recebidas de diferentes subestações. A percentagem mais elevada *de* infecções por *Macrophomina* (51%), *Botrydiplodia* (79%) e *Colletotrichum* (66%) foi registada em Dhabdhabey (JAES), CVE-3 e CVL-1 (Chandina). As sementes infectadas com mais de 15% de

Macrophomina e *Colletotrichum* não foram recomendadas para sementeira. Verificou-se que, devido à recolha e sementeira de sementes saudáveis, a incidência de doenças diminuiu gradualmente.

Hossain *et al.* (1994a) efectuaram um estudo em seis zonas diferentes de cultivo de juta no Bangladesh. Com as amostras de sementes de todos os locais de estudo, a ocorrência de fungos patogénicos, principalmente *M. phaseolina, B. theobromae* e *C. corchori*, que causam a podridão do caule, a banda negra e a praga das plântulas, respetivamente, foi frequentemente encontrada a uma taxa total de 2,33 a 6,47%. Além disso, os fungos saprófitas foram encontrados na proporção de 0,64 a 32,55 por cento. As sementes de Chandina e Kishoreganj (zona de cultivo de juta deshi) eram portadoras de enormes saprófitas e as de Jessore, Faridpur e Manikganj (zonas de cultivo de sementes de Tossa e juta deshi) também eram portadoras de saprófitas a uma taxa prejudicial. A relação entre o agente patogénico e a capacidade de germinação das sementes e entre os saprófitos e a capacidade de germinação das sementes mostrou que a germinação das sementes diminui drasticamente devido a taxas mais elevadas de fungos patogénicos e saprófitos.

A ocorrência de fungos patogénicos com as amostras de sementes de juta de Nabinagar (Brahmmanbaria, Jamalpur e Sonargaon (Narayanganj) foi relatada como sendo de 22,14 e 13,0 por cento (Khandakar, 1987). Hossain *et al.* (1994a) também referiram que foi recolhida uma percentagem mais elevada de agentes patogénicos (superior a 6%) em amostras de sementes de Manikganj, Kishoreganj e Chandina (Deshi, zona de cultivo de juta) e uma percentagem mais baixa (2,33-3,70%) nas de Faridpur, Rangpur e Jessore. No entanto, Khandakar (1983) observou uma percentagem muito negligenciável desses agentes patogénicos recolhidos nas zonas de cultivo de sementes de juta de Baiderbazar (Narayanganj) e Kalampur (Manikganj).

Fazli e Ahmed (1960), no seu estudo, referiram que os fungos pertencentes ao género *Os Aspergillus* responsáveis pela mortalidade das plântulas foram observados em 20 das 22 recolhas. Em todos os casos, *Macrophomina sp., Diplodia* sp. e *Aspergillus* sp. estavam presentes.

Os organismos fúngicos associados às sementes de juta foram responsáveis por causar doenças. Para além destes organismos patogénicos (*M. phasiolina, D. corchri* e *C. corchri*) existem muitos saprófitos associados às sementes de juta, que deterioram a qualidade das sementes durante o armazenamento. Estes fungos também estão presentes nas sementes viáveis.

Ahmed (1966) referiu que, entre os agentes causais das doenças da juta, os agentes patogénicos fúngicos são o principal grupo de organismos responsáveis pela perda de rendimento da fibra. A podridão do caule causada por *M. phaseolina* é a doença que mais afecta o rendimento e a qualidade da fibra em ambas as espécies de juta. *Corchorus olitorius* L. é resistente à doença da antracnose. Na fase de plântula, a planta de juta pode ser completamente morta, o que resulta numa baixa população no campo e, em última análise, reduz o rendimento, sendo a podridão do caule uma doença grave. Na presença de inóculos potenciais, o prolongamento do período suscetível determinaria a gravidade da doença.

Um grande número de parasitas fúngicos, um vírus e alguns nemátodos são responsáveis por uma depressão significativa na fibra, bem como pela degradação da qualidade da fibra. A gravidade da doença varia com o tempo e o espaço devido a alterações ambientais. A percentagem de plantas afectadas pela podridão do caule e pela antracnose foi diferente em cada ano (Ahmed, 1968). Ahmed e Islam (1980) avaliaram sementes de D-154 de três classes: infectadas a 5-10%, 20-30% e 40-50% para descobrir o efeito do tratamento de sementes em sementes infectadas no laboratório e em condições de campo.

Sultana e Biswas (1992) registaram apenas 2-10% e 5-12% de sementes boas quando recolhidas de vagens infectadas de plantas doentes. No entanto, em contraste, as vagens sãs de plantas sãs tinham 95-100% e 90-95%, respetivamente. As sementes de vagens doentes tiveram uma germinação abaixo do padrão do National Seed Board (NSB), Bangladesh. No entanto, as sementes de vagens sãs, tanto de plantas sãs como de plantas doentes, deram 98% e 95% de germinação, respetivamente, e não foram encontrados agentes patogénicos nas sementes.

2.4 Qualidade das sementes de juta afetada pela origem

Uma investigação conduzida por Wahab e Ali (1976) mostrou que o armazenamento a nível das explorações agrícolas deu uma viabilidade de sementes de 76% para *Corchorus capsularis* L. e 66% para *Corchorus olitorius* L. na altura da sementeira em março-abril. A sua investigação baseou-se em 110 amostras de *Corchorus capsularis* L. e em 26 amostras de *Corchorus olitorius* L. A perda de viabilidade das sementes de juta entre a colheita e a época de sementeira seguinte foi também referida por Basu *et al.* (1978).

Hossain *et al.* (1982) referiram que as variedades melhoradas do Instituto de Investigação da Juta do Bangladesh proporcionavam um rendimento de fibras 22% superior ao rendimento nacional, mesmo em condições de gestão tradicional. Num outro relatório, Hossain e Wahab (1992) verificaram que as sementes melhoradas de D-154 e 0-4, em condições óptimas de gestão, produziam rendimentos 20 e 32% mais elevados, respetivamente, em comparação com as sementes locais em condições de gestão pelos agricultores. Wahab e Hashim (1992) observaram um rendimento de fibras cerca de 50% mais elevado nas variedades de alto rendimento, sob uma gestão melhorada, em comparação com a variedade local sob práticas tradicionais. Do ponto de vista económico, obtiveram um rendimento adicional de Tk. 1400/ha com a variedade 0-4 recomendada, em comparação com a variedade local de *Corchorus olitorius* L.

Mollah *et al.* (2002) verificaram que a qualidade das sementes dos agricultores se deteriorava sobretudo durante o período de processamento e armazenamento. A má qualidade das sementes dos agricultores estava associada a um teor mais elevado de matéria inerte e a um teor de humidade inicial mais elevado. A humidade inicial mais elevada nas sementes reduziu subsequentemente a germinação e o vigor das sementes de juta dos agricultores. Devido ao envelhecimento acelerado, as sementes de *Corchorus olitorius* L. deterioraram-se completamente em três dias e as sementes *de Corchorus capsularis* L. em sete dias. A diferença varietal dentro da espécie não foi notável nos atributos de qualidade.

Islam *et al.* (2002) estudaram as sementes de seleção, as sementes de fundação, as sementes certificadas e as sementes de juta dos agricultores relativamente à pureza, viabilidade, vigor, rendimento verde e rendimento em fibra seca das variedades 0-9897 e CVL-1. A pureza, a viabilidade e o vigor das sementes de reprodução foram melhores em todos os aspectos, exceto nas sementes dos agricultores. O teor de humidade foi o mais elevado nas sementes dos agricultores e o mais baixo nas sementes dos reprodutores. O diâmetro da base, o rendimento verde e o rendimento em fibra seca foram influenciados significativamente pelas categorias de sementes.

2.5 Viabilidade em sementes de juta

De todos os factores que prejudicam a viabilidade das sementes durante o armazenamento, o teor de humidade das sementes é talvez o mais importante. Quando uma semente amadurece na planta, o teor de humidade da semente varia entre 25-35%, dependendo da cultura. A qualidade da semente e a relação entre a viabilidade e o vigor foram sempre uma consideração importante na produção da cultura da juta. Como as sementes de juta não têm qualquer período de dormência no seu ciclo de vida, podem germinar em qualquer altura após a colheita e, se houver humidade suficiente, podem germinar também no fruto. A semente é muito pequena e delicada por natureza, pode hidratar-se e desidratar-se muito rapidamente e pode germinar no prazo de 24 horas quando existe humidade suficiente e uma temperatura adequada (25 C-35^{00} C) (Talukder e Ali, 1979).

1STA (1976a) prescreveu que as sementes devem ser contadas durante 5 dias para avaliar a germinação em ambas as espécies de juta. Patel e Dargan (1968) referiram que as sementes de juta secas e maduras tinham uma germinação de 85%-100% registada em petridish quando no campo era de cerca de 70%. Anon (1977) referiu que os meios de teste de germinação, como o papel mata-borrão vermelho, não eram adequados para a germinação de sementes de juta. O papel de filtro, o papel de mata-borrão branco e o algodão eram adequados como meios de germinação para a plantação de sementes de juta e, mais uma vez, referiu que a temperatura da incubadora de 31° C era a melhor para a germinação rápida de sementes de juta no prazo de 72 horas. O comprimento da raiz e do rebento das plântulas após 72 horas de plantação a 31° C foi melhor do que na estufa. O teor de humidade da semente teve um efeito profundo na viabilidade da semente para ser armazenada em diferentes condições.

As sementes para sementeira devem ter uma elevada capacidade de germinação e devem produzir plântulas vigorosas. A germinação das sementes varia com a temperatura de incubação, a humidade, a luz e a disponibilidade de oxigénio (Come e Tissaoui, 1973; Pollock, 1972). Rahman *et al.* (1989) efectuaram um teste de germinação com sementes de juta obtidas de plantas de três fontes diferentes: plantas da estação normal, estacas superiores e plantas fora de estação. Observaram que havia uma variação substancial na percentagem de germinação entre as sementes de *Corchorus capsularis* L. e *Corchorus olitorius* L., mas o comprimento da radícula, o comprimento do hipocótilo, o tamanho da folha cotiledonar e o peso das plântulas de uma determinada espécie não diferiam significativamente.

Haque e Khandakar (1992) referiram que a semente de *Corchorus olitorius* L. permanecia dormente quando continha um elevado nível de humidade após a colheita, mas a percentagem de germinação aumentava rapidamente com a secagem das sementes. A percentagem de germinação aumentou de 18% para 92% quando a humidade diminuiu de 40% para 8% devido à secagem. Sobhan e Khatun (1986) relataram que o efeito do teor de humidade das sementes de juta (*Corchorus* spp), kenaf e mesta e a temperatura de armazenamento (temperatura ambiente - +20º C, +4º C e -20º C) sobre a viabilidade e o vigor revelaram que, à temperatura de armazenamento com um teor de humidade mais elevado (14,3% - 24,5%), houve um declínio acentuado da viabilidade e do vigor com o aumento do período de armazenamento. À temperatura ambiente, as sementes de juta com 4,0%-7,75% de humidade mantiveram uma viabilidade superior a 80% até 12 meses de armazenamento, as sementes de mesta mantiveram uma viabilidade de 80% até 6 meses de armazenamento com 5,3%-7,5% de humidade, enquanto a viabilidade das sementes de kenaf com 5,5%-7,4% de humidade desceu para 58%-48% em 6 meses. As sementes com baixo teor de humidade (4%-12%) armazenadas sob temperaturas variáveis mantiveram 75% de viabilidade durante um período mais longo.

Hydecker (1972) referiu que as sementes maiores e mais densas, com mais capital inicial, têm pelo menos uma vantagem inicial tanto na percentagem de germinação como, mais particularmente, na emergência das plântulas. Wahab e Ali (1976) referiram que, a nível da exploração agrícola, a viabilidade das sementes armazenadas era de 76% para *Corchorus capsularis* L. e de 66% para *Corchorus olitorius* L. As sementes de juta secas e amadurecidas tinham uma germinação que variava entre 88% e 100%, mas Patel e Dargon (1968) referiram que a germinação no campo era de cerca de 70% da registada no petridish.

Choudhury (1994) observou que a capacidade de germinação das sementes de juta estava correlacionada com o peso das sementes e que o fator peso influenciava a germinação total. Hossain *et al.* (1994) observaram que as amostras de sementes de juta colhidas em diferentes locais de estudo continham, em média, 10,22 a 13,38% de humidade, quando dirigidas a todas as categorias de agricultores, variando entre 5-10%. Observou-se que cerca de 50% das amostras de sementes continham humidade acima dos valores médios. Mais uma vez, os locais de estudo deram uma taxa média de germinação que variava entre 31-66% quando aplicada a todas as categorias de agricultores, o que estava muito abaixo da taxa mínima esperada ou recomendada de 80% de germinação.

Islam *et al.* (2002) relataram que o lote de sementes de *Corchorus capsularis* L. diferiu significativamente nos testes de cultura em vaso, velocidade de germinação, teste de frio e germinação após 48 horas. Em *Corchorus olitorius* L., o lote de sementes diferiu significativamente na germinação padrão de laboratório, na cultura em vaso, no teste de temperatura quente e no teste de frio. A germinação mais alta foi de 92% em *Corchorus capsularis* L. e 96% em *Corchorus olitorius* L., respetivamente para o teste de germinação no tratamento com temperatura fria. *Corchorus capsularis* L. diferiu devido ao vigor e outros testes de potencialidade. A maior correlação (r=98**) foi encontrada na cultura em vaso com o teste de germinação   do tratamento com temperatura quente de

Corchoruscapsularis L. e em laboratório

germinação padrão com   cultura em   vaso   de

Corchorusolitorius L. (r=97**). Taxa de

A germinação mostrou uma correlação negativa mas significativa com todos os outros testes.

Fakir e Alam (1999) estudaram diferentes recipientes de armazenamento sobre a viabilidade e o vigor das sementes de juta. Verificaram que, para manter a germinabilidade e o vigor das sementes, os recipientes impermeáveis à humidade, o saco de polietileno e o pote de plástico eram superiores ao pote de terra e ao saco de pano. Os recipientes impermeáveis apresentaram 83% de germinação, 74,5% de emergência, 76,4% de vigor e maior crescimento de plântulas durante 12 meses de período de armazenamento.

2.6 Vigor em sementes de juta

Anon. (1973) referiu que as sementes de juta da variedade D-154 se deterioraram fisiologicamente devido ao processo de envelhecimento acelerado, submetendo-as a 100% de humidade relativa e a uma temperatura de 40^0 C durante 12 dias. Foi observada uma correlação significativamente elevada e negativa e uma regressão linear entre o envelhecimento acelerado e todas as outras propriedades das sementes, incluindo a atividade da descarboxilase do ácido glutâmico (GADA).

Delouche e Baskin (1973) relataram que as condições ambientais e o período de exposição necessários para o envelhecimento acelerado para obter diferenças máximas na resposta entre lotes de sementes variam com o tipo de sementes. As condições mais satisfatórias foram 100% de humidade relativa (HR), 40-45° C de temperatura e 2-8 dias de período de exposição. Nalguns casos, um regime de envelhecimento menos severo de 30° C e 75% HR, e períodos de exposição de 6 a 24 semanas deram melhores resultados. Os autores referiram ainda que as reacções de envelhecimento acelerado estão também estreitamente associadas ao crescimento, desenvolvimento e produtividade das plantas. Outras reacções de resposta incluem a taxa de germinação e o crescimento das plântulas, a atividade da descarboxilase do ácido glutâmico, a taxa de respiração e a resposta ao teste do frio.

Mora e Echandi (1976) observaram que um declínio no vigor, conforme testado pelo GADA, é evidente muito antes de qualquer mudança na germinação poder ser detectada. Talukder e Ali (1977) relataram que as plântulas de sementes grandes de *Corchorus capsularis* L. (var. D-154) tinham muito mais vigor do que as de sementes pequenas e enrugadas. Tekrony e Egli (1977) usaram a germinação padrão, a germinação de 4 dias e a germinação por envelhecimento acelerado para construir índices de vigor em sementes de soja. Estes índices foram melhores preditores da emergência no campo do que os testes individuais. Também foram utilizadas técnicas de regressão múltipla para relacionar vários testes de laboratório com a emergência no campo. Verma e Arora (1978) propuseram alterações à prescrição da ISTA (1976b) e sugeriram uma contagem de germinação de 8 dias para *Corchorus capsularis* L. e de 6 dias para *Corchorus olitorius* L., nenhum deles, exceto Jain e Saha (1971), teve em conta o vigor das sementes de juta durante a germinação, calcularam o vigor das sementes usando a expressão, a/1+b/2+c/3+ - quando a, b e c são o número de sementes germinadas após 1, 2 e 3 dias. O procedimento de teste de sementes conforme prescrito pela AOSA para sementes de juta e a modificação sugerida por Varma e Arora (1978) foram revisados por Khandakar (1980). Para eliminar certas controvérsias e tornar o teste mais eficaz, foi sugerida uma nova modificação do procedimento de teste com a inclusão do teste de vigor.

McDonald e Praneendranath (1978) observaram que a espessura da camada de sementes na bandeja de envelhecimento é mais importante do que o tipo de sistema de envelhecimento acelerado utilizado. Ellis e Roberts (1981) relataram que a idade não pode ser considerada apenas como função do tempo, devido a factores ambientais variáveis no armazenamento. A temperatura elevada e o teor de humidade durante o armazenamento, quer isoladamente quer em combinação, podem encurtar os períodos de vida das sementes.

Shi *et al.* (1982) observaram que o teor de proteínas solúveis aumentava com o aumento do período de armazenamento. Ghosh e Chaudhari (1984) verificaram que tanto o teor de ARN total como o de poli (A) + ARN diminuíam com a perda de viabilidade. Singh e Singh (1983) demonstraram que a germinação e a emergência das sementes eram reduzidas com um potencial osmótico negativo menor, embora o potencial exato que inibia a germinação variasse consideravelmente. Likhatchv *et al.* (1984) observaram que o envelhecimento provocava uma diminuição dos açúcares solúveis, a hidrólise da fitina, a diminuição dos ácidos nucleicos, um aumento da heterogeneidade e uma alteração da mobilidade electroforética de proteínas específicas. Nautiyal *et al.* (1985) observaram que as proteínas solúveis estavam presentes nas sementes não viáveis e que, durante o processo de envelhecimento, as proteínas com maior mobilidade eram desnaturadas.

Khandakar (1984a) realizou uma experiência com duas amostras de sementes de *Corchorus capsularis* L. com viabilidade a 96% e 30% devido ao armazenamento a 8% e 12% de humidade durante dois anos. O resultado sugeriu que as sementes deterioradas, quando semeadas com um teor mínimo de humidade, podem dar uma colheita fraca devido à malformação das raízes e à mortalidade pós-emergência. Likhachev *et al.* (1984) referiram que uma temperatura de 37° C provocou um envelhecimento acelerado das sementes numa vasta gama de humidade relativa.

Khandkar *et al.* (1992) referiram que, num teste de vigor, a taxa de germinação e a emergência de plântulas eram mais elevadas a uma concentração mais baixa do que a uma concentração mais elevada de salinidade. O teor de água da juta, da mesta e do kenaf foi mais elevado no controlo e depois diminuiu gradualmente com o aumento da salinidade. O peso seco total e o comprimento da raiz e do rebento foram significativamente afectados pelo tratamento salino.

Islam (1994) referiu que a germinação no peridoto do segundo dia tinha uma correlação muito próxima com a germinação total (r=0,83) e a germinação em vaso (r=0,71). Tanto o tratamento com temperatura quente como o tratamento com temperatura fria no teste de germinação padrão correlacionaram-se significativamente com a germinação peridica do segundo dia e com a germinação em vaso. Em conclusão, verificou-se que a germinação no peridoto do segundo dia reflecte bem a qualidade das sementes de juta no que respeita à germinação total no peridoto e, especialmente, à germinação no campo.

Wang *et al.* (1994) relataram que o teste de condutividade elétrica, o teste de envelhecimento acelerado e o teste de deterioração controlada foram usados para detetar diferenças de vigor entre lotes de sementes de alta germinação. Os resultados do teste de envelhecimento acelerado para sementes esterilizadas na superfície foram mais fortemente relacionados com a emergência no campo no mesmo local ao longo de oito sementeiras do que os resultados para sementes não esterilizadas na superfície. No teste de deterioração do controlo, a percentagem de plântulas normais proporcionou uma relação mais consistente com a emergência no campo do que a avaliação da emergência radical, que foi o melhor indicador do desempenho potencial no campo.

Byrum e Copeland (1995) referiram que as variâncias do ensaio a frio não diferiam mais do que as dos resultados do ensaio de germinação normal. Assim, concluiu-se que os resultados do ensaio a frio podem ser abrangidos pelas mesmas tolerâncias utilizadas para os ensaios de germinação padrão. A variância para o teste de envelhecimento acelerado foi maior do que as do teste de germinação padrão e do teste de frio e, por conseguinte, a variabilidade efetivamente existente entre os resultados do teste de envelhecimento acelerado encontrados no estudo não poderia ser abrangida pela atual tolerância de germinação.

Egli e Tekrony (1995) relataram que a germinação no envelhecimento acelerado foi menor e mais variável entre lotes de sementes. O resultado do teste de frio foi menor do que o do envelhecimento acelerado e também teve uma grande variação dentro de cada ano. A emergência média indicou uma grande variação nas condições da cama de sementes. A germinação padrão foi significativamente correlacionada com a emergência no campo. A exatidão da previsão (proporção de lotes de sementes em cada teste com um determinado nível crítico de qualidade que teve >80% de emergência no campo) variou de 0% a 100%. Nenhum teste previu com precisão o desempenho quando o índice de emergência no campo foi <80.

Perez e Arguello (1995) relataram que as mudanças na integridade da membrana associadas à deterioração da semente ocorrem primeiro nos eixos embrionários e podem ser melhor monitoradas pelo teste de vigor da semente. Roy *et al.* (1996) estudaram a influência da variação do tamanho das sementes na germinação e no vigor das plântulas de arroz e observaram que a taxa de germinação e o índice de vigor das plântulas aumentavam com o aumento do tamanho das sementes.

Islam (1997) referiu que a velocidade de germinação, a avaliação das plântulas e os testes de condutividade eléctrica das sementes de juta foram comparados com a emergência no campo. Foi recomendado aos agricultores que utilizassem sacos de lixo como meio de teste para um teste de germinação adequado, mas foi sugerido que os sacos de lixo não eram tão bons porque, durante o teste, a maior parte do sistema radicular podia ser danificada. Por conseguinte, foi acordado que seria melhor utilizar um pano velho ou um jornal. Ahmed *et al.* (1998) referiram que a germinação das sementes e o índice de vigor apresentavam uma correlação positiva significativa com o peso de 1000 sementes e o teor de proteínas das sementes de trigo.

2.7 Desempenho das plântulas de juta

A germinação das sementes e o crescimento inicial das plântulas são considerados críticos para o sucesso das culturas, uma vez que determinam indiretamente a densidade do povoamento e, consequentemente, o rendimento da cultura (Gelmond, 1978). As diferenças varietais na germinação de sementes em resposta à variação ambiental determinam a adaptabilidade do cultivador (Takahashi, 1984). O vigor das sementes é a soma total das propriedades genéticas (Perry, 1972), que determinam o potencial de emergência rápida e uniforme e o desenvolvimento de plântulas normais numa vasta gama de condições de campo (McDonald, 1980).

Ali (1984) testou sementes de juta com 200 sementes para cada teste e contagem total da germinação em 3 dias. Jain e Saha (1971) calcularam a percentagem de germinação da mesma forma. A ISTA (1976b) prescreveu que as plântulas devem ser contadas durante 5 dias em ambas as espécies de juta.

Verma e Arora (1978) alteraram a ISTA (1976) e sugeriram uma contagem de 8 dias para *Corchorus capsularis* L. e 6 dias para *Corchorus olitorius* L. para o teste de germinação.

Faiguenbaum e Romero (1991) relataram que as plântulas provenientes das sementes maiores eram significativamente mais vigorosas do que as provenientes das sementes menores em algumas culturas. Eles também mostraram que o peso seco da planta 35 dias após a emergência foi significativamente maior para a maior semente do que para a menor. Farghaly (1991) verificou que o aumento do período de armazenamento aumentou a condutividade eléctrica (CE) da lixiviação das sementes, atrasou o tempo de emergência e diminuiu a matéria seca das plântulas (MS) e o índice de desempenho da germinação (IPG). O tempo de 75% de emergência foi positivamente correlacionado com a CE e negativamente correlacionado com a DW e o GPI das plântulas. A DW das plântulas foi positivamente correlacionada com o GPI e negativamente correlacionada com a CE.

Haque *et al.* (1997) referiram que, na avaliação das anomalias das plântulas, as anomalias do crescimento da raiz primária eram proeminentes. As raízes primárias eram atrofiadas, grossas, achatadas, peludas, bifurcadas ou enroladas, ao passo que as raízes primárias normais eram longas e delgadas, com extremidades gradualmente afiladas. A anomalia de crescimento da raiz manteve uma correlação negativa mais estreita (r= -0,99) com a viabilidade da semente de juta. As anomalias das plântulas podem ser um sinal avançado da deterioração e perda de viabilidade de um lote de sementes.

O envelhecimento das sementes é caracterizado pela perda de germinabilidade, diminuição da taxa de germinação e depressão no desenvolvimento das plântulas. Mitra *et al.* (1974) realizaram uma experiência com a cultivar de arroz Basamanik. Após dez meses de colheita, efectuaram o teste de germinação e continuaram a fazê-lo durante dois meses. Os seus resultados indicaram um declínio no vigor das sementes, na taxa de respiração, na atividade da fosfatase e nos teores de açúcar, acompanhado de um declínio completo da atividade da alfa amilase. Blowers *et al.* (1985) sugeriram que a diminuição da síntese proteica dos embriões de baixo vigor poderia ser devida a uma redução do ARNm, embora também se tenha verificado uma lesão ao nível da atividade ribossómica durante o início da germinação, que não foi causada pela decomposição grosseira do ARN ribossómico.

O envelhecimento das sementes tem sido reconhecido como a principal causa da redução do vigor e da viabilidade em muitas espécies. O envelhecimento envolve o processo de deterioração, ou seja, a acumulação de alterações degenerativas irreversíveis até à perda da capacidade de germinação. A qualidade máxima da semente ocorre na maturidade fisiológica, após a qual o vigor e a viabilidade diminuem tanto durante o envelhecimento na planta (Delouche, 1980) como durante o armazenamento (Roos, 1980). Os sintomas fisiológicos do envelhecimento das sementes de leguminosas para grão incluem taxas reduzidas de germinação e emergência, menor tolerância a condições não óptimas e menor crescimento das plântulas (Powell *et al.*, 1984). O envelhecimento também pode resultar na indução e na perda de dormência na germinação das sementes, na redução do crescimento das plântulas e na produção de plântulas anormais (Roos, 1980).

Abdalla e Roberts (1969) observaram que as plantas provenientes de algumas sementes associadas à diminuição da viabilidade apresentavam um crescimento retardado das raízes em fases posteriores de crescimento. Heydecker (1972) afirmou que a sequência de efeitos da deterioração das sementes é de trás para a frente. O rendimento diminui primeiro, o crescimento em segundo lugar, e depois a capacidade da semente de se estabelecer no campo e o teste de capacidade germinativa. Delouche e Baskin (1973) relataram que a perda do potencial de armazenamento é uma das consequências específicas da deterioração das sementes, que diminui a taxa de germinação e aumenta a incidência de anomalias nas plântulas. Roberts (1981) observou que danos severos às sementes durante o envelhecimento levam à redução do vigor e à produção de plântulas anormais. Justice e Bass (1978) referiram que as sementes com vigor reduzido produzem rendimentos baixos em comparação com as sementes vigorosas, embora isso possa não ser sempre verdade.

2.8 Emergência e estabelecimento de plantas afectados pela qualidade e fontes de sementes

A importância de uma maturidade fisiológica correcta das sementes foi reconhecida por muitos autores como a base de um produto de qualidade. Ali (1963) plantou sementes de juta após um ano de armazenamento, que foram armazenadas em vasos de barro, sacos de artilharia, latas herméticas e frascos de vidro herméticos. A lata hermética e o frasco de vidro hermético mantiveram a qualidade das sementes melhor do que os outros. No entanto, não se registou qualquer diferença significativa no tempo de floração e no crescimento das plantas criadas a partir de sementes frescas e de sementes com um ano de idade.

A capacidade de germinação é o principal indicador da viabilidade das sementes. O estabelecimento satisfatório da cultura depende de alguns outros factores associados, como o vigor das sementes e as condições de campo. As sementes com valores de vigor inferiores ou mínimos não podem germinar bem em condições de campo e também não contribuem para o estabelecimento da cultura. Os factores ambientais que afectam a qualidade das sementes no campo são a temperatura, o fotoperíodo, a nutrição mineral, a precipitação e a disponibilidade de humidade no solo (Austin, 1972). O baixo vigor das sementes pode ser devido a factores genéticos, fisiológicos, morfológicos, citológicos, mecânicos e microbianos (Heydecker, 1972).

Moore (1972) relatou que a rápida absorção ou perda de água durante a colheita e o processamento pode induzir danos mecânicos que levam à perda de viabilidade das sementes. Os danos mecânicos durante a colheita, o processamento e o transporte são uma das causas reais do baixo vigor das sementes (Roberts, 1972). Os processos de debulha, tratamento, ensacamento e plantio também podem causar variações na viabilidade das sementes (Copeland, 1976). Wahhab e Ali (1976) referiram que as sementes colhidas de vagens verdes maduras e verdes prematuras de juta *Corchorus capsularis* L. se comportaram de forma semelhante às vagens maduras e secas durante o crescimento das plantas.

Basu *et al.* (1978) armazenaram sementes de juta à temperatura ambiente e em condições de humidade relativa num saco de pano após a colheita. Os estudos de produtividade da cultura com sementes transportadas mostraram que o tratamento de hidratação-desidratação melhorou o desempenho da cultura no campo e aumentou o peso da fibra da planta. Talukder e Ali (1979) também referiram que o tempo de maturação em dias após a antese de ambas as espécies de sementes de juta tinha uma correlação muito elevada e positiva com o comprimento das plântulas no teste laboratorial. Wahhab e Hossain (1979) testaram sementes de *Corchorus capsularis* L. e *Corchorus olitorius* L. colhidas em diferentes estádios de maturidade (vagens desenvolvidas com algumas tonalidades pretas na superfície do fruto, 1/3rd vagem castanha, 2/3rd vagem castanha e castanha completa) para a emergência de plântulas, estabelecimento, crescimento e rendimento de fibra. O rendimento de fibra recebido de culturas criadas a partir de sementes de diferentes graus de maturidade não diferiu significativamente.

Gray e Thomas (1982) relataram que o desenvolvimento, a composição e o comportamento da semente foram afectados pela localização da semente na inflorescência da planta-mãe. Nas imbibições, o comportamento de cada semente colhida depende dos seus componentes estruturais, reservas alimentares e outras características bioquímicas. Huang e Jin (1983) relataram que as sementes de juta e kenaf foram mantidas durante um ou dois anos num frasco de barro a uma temperatura de 5° C antes da sementeira. A qualidade das sementes não diferiu devido à baixa temperatura. No entanto, as sementes com um e dois anos de idade reduziram a produção de fibras em 7,88 e 41,70%, respetivamente, em comparação com as sementes frescas. Khandakar e Bradbeer (1983) registaram uma grande diferença entre o teste laboratorial e a germinação no campo para sementes de juta.

Mugnisah e Nakamura (1984) observaram que a aplicação de azoto no teor de proteínas das sementes de soja resultava num aumento do vigor das plântulas. Fuciman (1985) armazenou sementes de trigo de inverno com 15-16%, 16-17% e 17-18% de humidade em sacos de juta, papel, polietileno, sacos de grande volume e paletes de caixotes em condições normais. Observou-se um efeito adverso significativo da humidade mais elevada das sementes na subsequente emergência no campo e no rendimento do grão, tendo-se verificado também uma maior proporção de sementes danificadas. Os sacos de juta, de papel e de grande volume foram considerados adequados. As sementes mantidas num saco de polietileno apresentaram menor emergência no campo e menor rendimento de grãos. Os dados relativos às paletes de caixotes foram variáveis.

Salim e Hossain (1989) referiram que a percentagem de germinação e o índice de vigor do milho estavam diretamente relacionados com o tamanho das sementes. O tamanho das sementes teve uma relação positiva com o parâmetro de crescimento inicial da planta, o número de sementes da espiga^{-1} , o número de sementes da planta^{-1} , o peso de 100 sementes e o rendimento do grão, sendo que, quanto maior o tamanho da semente, maior o rendimento da semente. Islam (1996) verificou que a germinação de sementes de juta após 48 horas era um bom indicador do vigor e que a germinação em laboratório era 15-20% superior à emergência no campo.

2.9 Rendimento da fibra de juta

O rendimento da fibra de juta pode ser afetado por fontes e variedades de sementes de diferentes maneiras. Para a produção comercial de fibras, a sementeira de *C. capsularis* L. deve ser efectuada entre meados de março e meados de abril e a de *C. olitorius* L. entre meados de abril e meados de maio. O período de crescimento vegetativo diminuiu gradualmente à medida que a época de sementeira foi avançando a partir de 15 de abril. A altura das plantas, o diâmetro da base, o peso verde e o peso seco das fibras aumentaram acentuadamente de 15 de fevereiro a 15 de abril e diminuíram subitamente nas plantações de maio e junho.

Amankwatia (1979) verificou que a sementeira de março ou abril produziu o rendimento mais elevado de fibra seca retraída. Noutra experiência em 1969-1974 em Nyankpala, no norte do Gana, os rendimentos mais elevados de fibra seca foram obtidos em sementeiras de maio ou junho. Talukder *et al.* (1979) efectuaram um ensaio comparativo sobre o crescimento e a produção de fibras das variedades melhoradas de juta branca, nomeadamente D-154, CVL-1, CC-45 e CVE, em cultura em vaso em Dhaka. As variedades diferiam ligeiramente entre si no que respeita ao crescimento e ao rendimento das plantas^{-1} . A D-154 produziu maior rendimento em fibras, seguida da CVL-1, CC-45 e CVE-3. As variedades atingiram a maturidade por ordem de CVE-3, D-154, CVL-1 e CC com 54, 32, 26 e 9% das plantas que floresceram na altura da colheita, respetivamente.

Newaz e Wahhab (1980) relataram que não houve diferença significativa no rendimento para as durações de campo de 120 e 130 dias. Também foi observado que o desempenho da CVL-1 foi melhor em todos os locais. Talukder e Wahab (1982) descobriram que as culturas semeadas a 27 de março deram o maior rendimento de fibras de 2,62 t ha^{-1} seguido de 13 de março e 30 de abril (1,88 e 1,62 t ha^{-1}) respetivamente. O espaçamento 15 cm $\times$ 7,5 cm planta^{-1} produziu maior rendimento, mas a diferença não foi significativa em comparação com outros espaçamentos.

Nayyar *et al.* (1986) revelaram um ensaio de campo em 1980-1982 em Faisalabad com cultivares de juta PARO-78, Chinese e Chines Late Harvest e uma cultivar de *Corchorus capsularis* L. e *Corchorus olitorius* L. que foram semeadas em 4 datas entre abril e maio. A produção média de fibras variou entre 1,29 t ha^{-1} na cultivar Chinese, semeada na 1st semana de maio, e 2,02 t ha^{-1} na cultivar *Corchorus olitorius* L., semeada na 3rd semana de abril. Não foi detectada nenhuma tendência geral para as cultivares e datas de sementeira. *A Corchorus olitorius* L. semeada na 3rd semana de abril produziu as plantas mais altas (450,3cm) com o maior diâmetro de base (2,33cm) e o maior peso fresco de 42,6 tha^{-1} .

Aftabuzzaman e Hashim (1987) conduziram uma experiência em diferentes estações regionais (Manikganj, Tarabo e Chandina) com seis estirpes de *Corchorus capsularis* L. pré-libertadas (Dhabdhabey, DC-AD-367, SC-83-3, CD-DC-258/53-DC-CD-359/9-7, CVL-1) para descobrir as datas óptimas de sementeira. Os resultados mostraram que as estirpes apresentaram um desempenho semelhante ao da CVL-1 (controlo), no entanto, a Dhabdhabey produziu menos. Hashim e Newaz (1988) conduziram um

Para determinar o desempenho de genótipos de *Corchorus capsularis* L. semeados tardiamente, em função da data de sementeira, foi efectuada uma experiência noJAEWS , emManikganjeTarabo. As datas de sementeira variaram entre 1 de abril e 1 de maio. Os resultados mostraram que todos os genótipos de *Corchorus capsularis* L. semeados tardiamente (DC-CD-258, DC-CD-357, C-83, CVL-1) apresentaram melhores resultados globais na sementeira de 1 de abril.

2.10 Rendimento das sementes de juta

Mcllory (1963) referiu que a época de sementeira e o espaçamento entre plantas afectavam a maioria dos caracteres das plantas, como a altura, o diâmetro da base, os ramos e as vagens^{-1} , as sementes^{-1} , o peso de 1000 sementes e a produção de sementes. A maior produção de sementes foi obtida com a D-154 na sementeira de junho e com a Fanduk na sementeira de julho. A taxa de crescimento da juta foi altamente sensível ao comprimento do dia em áreas perto do equador e a diferença de um quarto de hora (ou 2-3 semanas de tempo de plantação) pode fazer um crescimento bom ou atrofiado.

Sarker e Gill (1962) relataram que plantas *de Corchorus capsularis* L. plantadas em meados de fevereiro floresceram no final de abril, enquanto as mesmas variedades semeadas entre março e julho não floresceram antes de agosto. *Corchorus capsularis* L. produziu o máximo rendimento de sementes quando plantada durante o período de meados de abril a meados de maio (Relatório Anual do PCJC, 1966-67). No entanto, a cultura semeada em abril em Kishoreganj, em abril-maio em Faridpur e em junho em Kustia e Dinajpur produziu maior rendimento de sementes (PCJC, 1966). Ali (1961 c) assinalou que as plantas D-154 não floresciam se fossem plantadas em meados de março. As plantas cultivadas entre 15 de março e 15 de abril floresceram normalmente em agosto, após 137 e 112 dias de crescimento. Quando plantadas em meados de fevereiro, as plantas floresceram prematuramente em 65 dias e a sementeira tardia, de 1 de maio a 9 de julho, fez com que as plantas florescessem entre 101 e 69 dias.

Choudhury e Ali, 1963, observaram que as plantas com maior crescimento vegetativo produziam mais fibras mas menos sementes, pelo que o controlo do crescimento vegetativo através de sementeira tardia era o melhor método para aumentar a produção de sementes. Também relataram que o número médio de vagens de sementes^{-1} variou em *Corchorus capsularis* L. de 31-37 e que em *Corchorus olitorius* L. 123-197. Eles observaram que o maior número de sementes foi formado no momento do fluxo máximo em *Corchorus capsularis* L., enquanto que em *Corchorus olitorius* L. o máximo de sementes foi encontrado no meio do intervalo de floração, o número de vagens foi sensivelmente reduzido em ambas as espécies nas últimas semanas do fluxo. Tai *et al.* (1964) observaram que o número de vagens da planta^{-1} e a produção de sementes de juta estavam estreitamente correlacionados.

A duração do crescimento, ou seja, o período entre a sementeira e a floração, pode ser encurtada ajustando a data de plantação da juta. Foi relatado por JARI (1963) que, quando a semente de juta foi semeada durante o período de janeiro a março, o *Corchorus olitorius* L. floresceu em 45 a 60 dias após a sementeira, mas o *Corchorus capsularis* L. necessitou de 110 a 180 dias. No caso de sementeira entre os períodos de abril a junho, tanto *o Corchorus capsularis* L. como *o Corchorus olitorius* L. floresceram em 80 a 122 dias após a sementeira. O período entre a sementeira e a floração foi reduzido quando a sementeira foi efectuada no período de junho a setembro. As culturas semeadas em outubro, novembro e dezembro comportaram-se da mesma forma que as semeadas de janeiro a março. Ali (1968c) afirmou que a época de sementeira influenciava substancialmente o rendimento das sementes. A sementeira de abril a maio parece ser melhor no sítio de Faridpur, mas a sementeira de junho foi melhor nos sítios de Chitla e Dinajpur.

Mian e Gani (1971) realizaram uma experiência em 1969 com juta *Corchorus capsularis* L. semeada em intervalos mensais de maio a dezembro. As culturas semeadas em maio deram as plantas mais altas e a altura das plantas diminuiu com as sementeiras tardias. O rendimento das sementes foi mais elevado nas culturas semeadas em junho, seguido das semeadas em maio. O número de vagens da planta^{-1} e a produção de sementes diminuíram entre junho e setembro, após o que aumentaram, particularmente a partir de dezembro. Wahab *et al.* (1981) realizaram uma experiência em que foram colhidos topos de 15-20 cm de comprimento das plantas-mãe e plantados no solo a 3 de julho, a 30 cm de distância das linhas e a 10 cm entre os topos dentro das linhas, numa posição de pé virada para norte. Os resultados mostraram que a produção de sementes ha[-1] foi maior nas estacas superiores do que na planta-mãe. Joseph *et al.* (1974) efectuaram ensaios de campo com *Corchorus capsularis* L. (cv. JRC-212) e *Corchorus olitorius* L. (cv. JRO-632) e referiram que a produção de sementes[-1] estava positivamente correlacionada com a altura da planta, o diâmetro do caule basal, o número de ramos[-1] , o peso da semente e o número de vagens, que foram os que mais contribuíram para a produção.

Singh e Saxena (1975) verificaram que as cultivares de *Corchorus capsularis* L. semeadas a 25 de abril produziam o maior rendimento de sementes, 740 kg ha[-1] . Das e Majumdar (1977) verificaram que o atraso na sementeira de 4 de maio para 30 de maio e 14 de junho diminuiu o rendimento das sementes de 680 para 570 e 500 kg ha-1, respetivamente.

Hossain e Wahhab (1980) relataram que a cultura semeada a 16 de maio deu o máximo rendimento de sementes e fibras. A decapitação das culturas não influenciou o rendimento das sementes. Murshed e Alam (1982) sugeriram que, para a cultura de sementes, a sementeira após a última semana de maio não daria um rendimento económico. A sementeira de 1 a 30 de maio mostrou pouca variação entre os parâmetros considerados.

Hossain e Hashim (1985) realizaram uma experiência para determinar a data óptima de sementeira para a produção de sementes e fibras de D-154, que proporcionaria o máximo rendimento económico. O crescimento da cultura e o rendimento da semente, da fibra e da vara foram grandemente influenciados pelas diferentes datas de sementeira. A sementeira a 30 de abril proporcionou um rendimento significativamente mais elevado de fibra (3,45 t ha[-1]) e de vara (8,11 t ha[-1]) do que qualquer outra data. O efeito da data de sementeira no rendimento da semente também foi significativo e o rendimento máximo de 1,32tha[-1] foi obtido quando a sementeira foi efectuada a 15 de maio. Os resultados acima referidos sugerem que a variedade de juta D-154 pode ser semeada entre 30 de abril e 15 de maio para o duplo objetivo de semente e fibra.

Hossain *et al.* (1986) realizaram uma experiência para descobrir a melhor época de sementeira juntamente com a dose adequada de fertilizante para uma produção óptima de sementes em JAES, Manikganj. Observou-se que havia diferenças significativas na produção de sementes devido às variedades e às datas de sementeira. O espaçamento e as doses de fertilizante não mostraram diferenças significativas na produção de sementes. A cultivar 0-9897 deu maior rendimento de sementes quando semeada tarde com espaçamento mais próximo e baixa dose de NPK.

Roy e Singh (1988) efectuaram ensaios de campo em 1985-1986 em condições de precipitação elevada. Observaram que a produção de sementes de juta cv. JRO 524 diminuiu com o atraso da sementeira, desde a semana 3rd de maio até às semanas 1st e 3rd de junho e 1st de julho. Talukder e Hossain (1989) relataram que o coeficiente de correlação parcial entre a produção de sementes e o número de vagens foi significativo quando o efeito do número de ramos foi eliminado. Foram obtidos coeficientes de correlação múltipla positivos mais elevados entre a produção de sementes e os seus caracteres componentes.

Rahman *et al.* (1989) referiram que a qualidade das sementes obtidas da cultura de juta fora de época era tão boa como a das sementes obtidas da cultura de juta semeada na época normal de sementeira. Hossain *et al.* (1990) observaram que as plantas se tornavam gradualmente mais curtas à medida que a sementeira era adiada de agosto para novembro. O número mais elevado e os ramos mais compridos com vagens de maior tamanho e com sementes eficazes[-1] podiam ser obtidos quando a sementeira era feita antes de outubro, especialmente no caso de *Corchorus capsularis* L. Quando a sementeira era feita depois do início de outubro, observavam-se plantas de tamanho muito curto com floração precoce, com menos ramos e vagens mais pequenas e/ou inférteis. Os resultados indicam que as plantas de juta podem ser semeadas com segurança até ao final de setembro para uma produção eficaz de sementes na época baixa.

Thakuria e Sarma (1991) efectuaram uma experiência em Jorhat, Assam, com juta cv. JRC semeada em 8 datas, com intervalos de 15 dias, entre 1 de junho e 13 de setembro, e verificaram que a média mais elevada dos dois anos (1986-87) de rendimento de sementes (1,16 a 1,18 ha[-1]) foi obtida quando a sementeira foi efectuada nas duas primeiras datas. Um maior atraso na sementeira produziu uma diminuição linear do rendimento das sementes. Islam e Iqbal (1992) realizaram uma experiência na Estação Regional, Chandina durante 1992 com a variedade 0-9897 de *Corchorus olitorius* L. e a variedade CVL-1 de *Corchorus capsularis* L. e relataram que a produção de sementes nas plantas despontadas foi muito maior do que a das plantas normais, quando o desponte foi feito após 30 dias da semeadura. Islam *et al.* (1993) realizaram uma experiência na estação de Chandina do BJRI durante 1993 com *Corchorus capsularis* L. cv. CVLl para descobrir o efeito do método de desponta na produção de sementes na época baixa. Observaram que o método de desponta dupla produziu um rendimento máximo de sementes em relação à desponta simples e à não desponta em ambas as variedades de juta.

Hossain e Iqbal (1992) relataram que a variedade 0-9897, menos fotossensível, produziu uma maior produção de sementes de 546 kg ha^{-1} do que as variedades D-154, CVL-1 e 0-4 quando as plântulas foram transplantadas no mês de setembro. As percentagens de sobrevivência das plântulas foram mais elevadas na 0-9897, o que possivelmente desempenhou um papel vital no aumento da produção de sementes. Afirmaram ainda que as culturas transplantadas a 1 e 15 de setembro produziram uma produção de sementes significativamente mais elevada do que a de 30 de setembro. Além disso, Hossain *et al.* (1993) obtiveram maior rendimento de sementes das variedades 0-4 e 0-9897 do que das variedades D-154 e CVL-1 quando as plântulas foram transplantadas a 1 e 15 de setembro.

Begum *et al.* (1993) relataram que os maiores rendimentos de sementes foram obtidos em D-154 e CVL-1 durante a semeadura de março a junho, quando a germinação das sementes foi mantida acima de 80% de janeiro a agosto. Em 0-9897 e OM-1 o rendimento de sementes foi o mais alto durante abril a julho, quando a germinação de sementes foi mantida perto de 100 por cento durante abril a

Semeadura em outubro. A produção de sementes na juta *Corchorus capsularis* L. está estreitamente correlacionada com a precipitação e a unidade de calor efectiva. Mas a correlação desviou-se na juta *Corchorus olitorius* L. Hossain *et al.* (1990) sugeriram ainda que, para produzir um maior rendimento de sementes de melhor qualidade, a cultura da juta deve ser semeada em junho, de modo a que as plantas permaneçam atrofiadas em termos de crescimento, induzam um escoamento precoce e produzam um maior rendimento de sementes.

Hossain *et al.* (1994b), num trabalho de investigação, verificaram que a cultura de sementeira tardia produziu um rendimento de sementes comparativamente mais elevado do que o das práticas convencionais nas estações de Rangpur, Jessore e Kishoreganj do BJRI. Islam *et al.* (1994) realizaram uma experiência em que a altura da planta, o diâmetro da base e o peso da planta seca mais elevados foram obtidos no método de sementeira direta (método convencional) e o número de ramos da planta^{-1} , o número de vagens da planta^{-1} , o número de sementes da vagem^{-1} e a produção de sementes foram máximos no método de estacas nas pontas. *Das et al.* (1994) realizaram uma experiência em Shillongani, Assam, na estação das chuvas de 1990, e referiram que a produção de sementes de juta não foi significativamente afetada pela cultivar (JRO 524 ou JRC 7447) ou pelo espaçamento (30 cm $\times$ 10 cm ou 45 cm $\times$ 10 cm), mas as estacas com 6 semanas de idade produziram uma maior produção de sementes (0,66 t ha^{-1})^1

Haque (1995) efectuou uma experiência com as variedades *Corchorus capsularis* L. e *Corchorus olitorius* L. para demonstrar a aptidão das variedades para a produção de sementes sob a técnica de plantação tardia. O autor referiu que se registaram variações significativas na produção de sementes entre diferentes variedades de juta semeadas como cultura de sementeira tardia. Entre as cultivares de *Corchorus olitorius* L., O "9897, O "4 e Chaitali produziram 1044, 891 e 811 kgha^{-1} sementes, respetivamente. Entre as variedades de *Corchorus capsularis* L., a CVE "3 apresentou o maior potencial de produção de sementes (509 kg ha^{-1}), seguida pela D "154 (473 kg ha^{-1}) e CVL "1 (416 kg ha^{-1}). Embora a diferença no rendimento de sementes entre as variedades de *Corchorus capsularis* L. tenha sido estatisticamente insignificante, todas as variedades estudadas de *Corchorus capsularis* L. apresentaram rendimentos de sementes significativamente inferiores aos das variedades de *Corchorus olitorius* L..

Das *et al.* (1995) concluíram que o rendimento das sementes de *Corchorus olitorius* L., variedade de juta JRO 524, não foi afetado pela densidade de plantação, mas diminuiu com o atraso da sementeira após 1 de junho.

Bhaswati *et al.* (1995) realizaram uma experiência em que cinco cultivares de *Corchorus capsularis* L. e cinco de *Corchorus olitorius* L. foram semeadas em Mohanpur, Bengala Ocidental, a 23 de março, 24 de abril, 23 de maio ou 9 de junho de 1989. A produção de sementes^{-1} foi a mais elevada na última data de sementeira. Guha e Das (1997) referiram que o atraso na plantação das estacas de juta cv. JRO 524 depois de 1 de junho diminuiu a produção de sementes.

Mishra e Nayak (1997) realizaram uma experiência durante a estação chuvosa de 1989 e 1990 para estudar o efeito da sementeira e do espaçamento entre linhas com ou sem corte na produção de sementes de juta com *Corchorus capsularis* L. cv. JRC-7447 e *Corchorus olitorius*

L. cv. JRO-524 e referiram que JRC 7447 produziu significativamente mais do que JRO-524 em termos de produção de sementes. O rendimento da vara foi significativamente mais elevado na juta *Corchorus olitorius* L. do que na juta *Corchorus capsularis* L. em 1990, enquanto foi considerado insignificante em 1989. A sementeira no início de abril e no início de maio produziu um rendimento de sementes significativamente mais elevado em 1989, enquanto o rendimento de sementes aumentou significativamente na sementeira tardia, em meados de junho de 1990. O espaçamento e o corte não tiveram efeito significativo na produção de sementes. Mais uma vez referiram que a produção de caules diminuiu devido ao atraso na sementeira, mas a produção média de sementes não foi afetada. A produção de sementes não foi significativamente afetada pelo espaçamento ou pelo corte. *Corchorus olitorius* L. produziu maior rendimento de caule mas menor rendimento de sementes do que *Corchorus capsularis* L.

Guha e Das (1997) efectuaram uma experiência em Shillongani, Assam, entre 1991 e 1992, com *Corchorus capsularis* L. jute cv. JRC-212. JRC-212, em que as estacas foram plantadas a 1 ou 16 de junho, 1 ou 16 de julho ou 31 de julho, com um espaçamento de 30cm×10cm ou 30cm×15cm. A produção de sementes diminuiu com o atraso da plantação, mas não foi afetada pelo espaçamento. Khan *et al*. (1997) efectuaram uma experiência sobre a data de sementeira e a variedade de juta *Corchorus olitorius* L. para efeitos de produção de sementes. Foram utilizadas quatro variedades (O-4, O-9897, OM-1 e Chaitaly) e seis datas diferentes, de 1 de agosto a 16 de outubro, com um intervalo de 15 dias. O rendimento das sementes diminuiu gradualmente devido ao atraso na época de sementeira. As culturas semeadas a 1st e a 16 de agosto produziram 990 e 935 kg de sementes por hectare.

Hossain *et al*. (1990) relataram que a colheita de sementes de juta no final da estação deu o máximo rendimento de sementes quando plantada a 5 de setembro em Kishoreganj (1259 kg/ha), 25 de agosto em Faridpur (815 kg/ha) e Jessore (556 kg/ha) e na estação de Rangpur (889 kg/ha) a 15 de agosto. Sohel *et al*. (2002) relataram que o método de corte superior deu maior rendimento de sementes de 971 kg/ha em comparação com o método convencional (669 kg/ha) e sua diferença foi altamente significativa. Todas as três variedades, CC-45, CVE-3 e D-154 de *Corchorus capsularis* L., independentemente dos métodos de plantio, produziram rendimentos de sementes estatisticamente equivalentes. O efeito de interação entre os métodos de plantação e a variedade foi significativo em termos de rendimento de sementes. No entanto, todas as variedades sob o método de corte superior registaram rendimentos de sementes muito mais elevados em comparação com o seu rendimento correspondente sob o método de plantação convencional.

Sohel *et al.* (2000-2003) referiram que as sementes de juta obtidas a partir do método de corte superior deram uma percentagem significativamente mais elevada de germinação e de comprimento de rebentos, indicando a sua superioridade em relação ao método convencional. A variedade CVE-3 deu maior percentagem de germinação, velocidade de germinação, comprimento da raiz e peso seco da raiz e do rebento, indicando os seus atributos superiores entre as variedades. O efeito de interação entre o método de plantação e a variedade dos diferentes atributos diferiu significativamente.

Islam *et al.* (2005) relataram que o método de corte no topo deu o maior rendimento de sementes de 738 kg ha^{-1} em *Corchorus capsularis* L. e 913 kg ha^{-1} em *Corchorus olitorius* L. em comparação com o método convencional de 467 kg ha^{-1} em *Corchorus capsularis* L. e 529 kg ha^{-1} em *Corchorus olitorius* L. e suas diferenças foram altamente significativas. O método de sementeira tardia deu um rendimento estatisticamente semelhante de 715 kgha^{-1} em *Corchorus capsularis* L. e 869 kgha^{-1} em *Corchorus olitorius* L. ao corte superior. Independentemente dos métodos de plantio, as variedades CVL-1 e CVE-3 de *Corchorus capsularis* L. e 0-9897 e OM-1 de *Corchorus olitorius* L. produziram um rendimento de sementes estatisticamente semelhante. Todas as variedades sob os métodos de corte superior e sementeira tardia produziram rendimentos de sementes muito mais elevados em comparação com os seus rendimentos correspondentes sob o método convencional da técnica de produção de sementes.

2.11 Conclusão

Toda a literatura analisada indicou que as fontes de sementes da cultura da juta têm grande influência na qualidade, no estabelecimento da cultura e no potencial de produção de fibras e sementes. A qualidade das sementes de juta varia não só consoante o ambiente de armazenamento, mas também consoante as diferentes fontes e espécies. Na avaliação da qualidade através do teste de germinação, o meio e as condições utilizadas têm uma enorme influência na percentagem de germinação das sementes. Além disso, o método adequado de teste de vigor tem também grande influência na avaliação da qualidade das sementes de juta entre as diferentes fontes de sementes. Estes testes fornecerão informações sobre a emergência e o estabelecimento no campo, bem como sobre o potencial de produção de fibras e sementes. Além disso, a avaliação da qualidade das sementes apenas pelo teste de germinação pode não ser suficientemente justa para garantir os valores de plantação de um lote de sementes de juta. Isto significa que o presente estudo deverá ajudar a identificar sementes de juta de qualidade através de uma série de métodos de avaliação da qualidade, garantindo uma informação mais barata, mais fácil e mais adequada para efeitos posteriores para utilização pelos produtores de sementes e pelos produtores de sementes a nível das explorações agrícolas.

CAPÍTULO 3

MATERIAIS E MÉTODOS

Nove experiências, nomeadamente uma de laboratório, quatro de emergência e estabelecimento de plantas, duas de produção de fibras e as outras duas de produção de sementes, foram realizadas durante o período de maio de 2001 a fevereiro de 2004. As experiências de laboratório foram efectuadas no laboratório de Agronomia, Departamento de Gestão de Culturas, Divisão de Agronomia do Instituto de Investigação da Juta do Bangladesh (BJRI), Daca. As experiências de emergência e de estabelecimento das plantas foram efectuadas na estufa do BJRI, Daca, e na Estação Experimental de Agricultura da Juta (JAES), Manikganj. As experiências de produção de fibras e sementes foram efectuadas na JAES, Manikganj.

3.1 Variedades de juta utilizadas no estudo

As sementes das variedades de juta CVL-1 (Sabuj pat) da espécie *Corchorus capsularis* L. e 0-9897 (Falgoni tossa) da espécie *Corchorus olitorius* L. foram utilizadas como materiais de estudo.

3.2 Características das variedades de juta

CVL-1 (Sabuj pat): A variedade de juta CVL-1 de *Corchorus capsularis* L. foi selecionada pela primeira vez na zona de Kishoreganj, no Bangladesh, em 1961. Foi utilizado um método de seleção de linhas puras para desenvolver esta variedade, que foi lançada no ano de 1977. As características especiais desta variedade são o facto de ser adequada para sementeira tardia e maturação tardia. É tolerante ao vírus do mosaico da juta. A qualidade da fibra é muito fina e de cor branca. Tem um potencial de rendimento de 5,16 tha^{-1} fibra e 0,7 tha^{-1} de sementes.

0-9897 (Falguni Tossa): Esta variedade foi desenvolvida a partir do cruzamento entre 0-5×BZ-5 e lançada no ano de 1987. As características especiais desta variedade são o facto de estar adaptada a uma vasta gama de condições climáticas (BJRI, 1990b). É menos sensível ao fotoperíodo e pouco tolerante ao calor em comparação com as variedades convencionais de

Corchorus olitorius L.. Tem um potencial de produção de fibras muito elevado de 4,61 tha^{-1} e um potencial de produção de sementes de 1 tha^{-1} .

3.3 Tratamentos e pormenores experimentais

Os tratamentos consistiram em cinco fontes de sementes CVL-1 e 0-9897. Estas fontes foram o Bangladesh Jute Research Institute (BJRI), a Bangladesh Agricultural Development Corporation (BADC), os agricultores de duas zonas de cultivo de juta e o mercado local. As sementes de CVL-1 dos agricultores e do mercado local foram colhidas em Manikganj e Kishoreganj e as de 09897 nas zonas de cultivo de juta de Faridpur e Rangpur. As experiências de emergência e estabelecimento de plantas foram conduzidas em condições de estufa e de campo; e as experiências de produção de sementes foram conduzidas por métodos convencionais e melhorados de produção de sementes. Foram efectuadas experiências separadas por variedades em todas as fases do trabalho de investigação.

3.4 Fases das experiências

As experiências foram conduzidas em várias fases, que foram realizadas de forma sistemática para cumprir os objectivos do estudo. As fases foram as seguintes:

A. Recolha de sementes de juta de diferentes fontes.

B. Avaliação das sementes colhidas de ambas as variedades, CVL-1 e 0-9897, relativamente a atributos de qualidade como o teor de humidade das sementes, pureza, germinação, peso de 1000 sementes, vigor das sementes e presença de agentes patogénicos.

C. Determinação da emergência e estabelecimento de plantas de sementes de juta colhidas em diferentes condições.

D. Estimativa do efeito das fontes de sementes de juta no rendimento em fibras de CVL-1 e 0-9897, e finalmente

E. Avaliação do efeito das fontes de sementes no rendimento das sementes em diferentes métodos de produção.

3.5 Recolha de materiais de estudo

As sementes de juta de ambas as variedades foram recolhidas nos escritórios do BJRI e do BADC em Dhaka. Foram recolhidas amostras de sementes de CVL-1 dos agricultores e do mercado local de Manikganj e Kishoreganj e 0-9897 das zonas de cultivo de juta de Rangpur e Faridpur do Bangladesh. Foram colhidas pelo menos 250 g de amostras de sementes dos agricultores de 20 agricultores de cada zona de cultivo de juta. As amostras de sementes do mercado local foram colhidas nos mercados locais das mesmas zonas que os agricultores. As amostras de sementes primárias dos agricultores e do mercado local foram misturadas cuidadosamente para formar uma amostra composta. Cerca de 500 g de cada uma das amostras compostas foram seleccionadas como amostras apresentadas. As amostras de sementes apresentadas foram guardadas em sacos de papel castanho. Todas as amostras de sementes recolhidas de diferentes fontes de sementes foram devidamente rotuladas e conservadas no Banco de Genes do BJRI a 20^0 C até serem utilizadas para a realização de experiências. As amostras de sementes de trabalho foram retiradas periodicamente das amostras de sementes conservadas, consoante as necessidades. O procedimento total foi mantido de acordo com as regras da ISTA (ISTA, 1999). As sementes foram colhidas imediatamente após a colheita da cultura de sementes de juta.

3.6 Localização das experiências no terreno

Terras e tipo de solo da Estação Experimental de Agricultura de Juta

A topografia do terreno do sítio experimental é média-alta. O local pertence à zona agro-ecológica da planície de inundação ativa de Brahmaputra Jamuna (AEZ-8). As terras são ocasionalmente inundadas e a água das cheias mantém-se durante menos de um mês. A profundidade da inundação varia entre 0,60-1,25 m. O solo é de textura arenosa e franco-siltosa. O pH do solo varia entre 6,00 e 6,65. Este solo é deficitário em todos os principais elementos nutritivos e também em matéria orgânica. O estado dos elementos menores encontra-se no nível crítico. As experiências foram conduzidas nesta terra após a alteração do solo com estrume de vaca e fertilizantes NPK seguindo o Guia de Recomendação de Fertilizantes (BARC, 1997). Os ensaios de produção de fibras e de sementes foram efectuados em dois blocos de terreno separados

desta estação. O terreno do ensaio de produção de sementes é mais elevado em cerca de 0,75 m
do que o terreno de produção de fibras. Esta terra dificilmente é inundada, a menos que haja uma
inundação devastadora.

3.7 Informações meteorológicas

As informações meteorológicas relativas à temperatura máxima e mínima mensal, à
precipitação total e à humidade relativa durante os períodos experimentais foram recolhidas
junto do Departamento Meteorológico de Daca e apresentadas nos apêndices A 3.1 e A 3.2.

3.8 Pormenores das experiências
3.9 Experimento 1 Avaliação dos atributos de qualidade de sementes de CVL-1 e 0-9897
coletadas de diferentes fontes

Esta experiência foi realizada para determinar os atributos de qualidade das sementes,
nomeadamente a pureza, o peso das sementes, o teor de humidade, a percentagem de
germinação, o vigor das sementes e a presença de agentes patogénicos nas sementes CVL-1 e 0-
9897 de diferentes origens. Foram realizadas duas experiências separadas com as sementes de
CVL-1 e 0-9897 no Laboratório de Agronomia, Divisão de Agronomia do BJRI, Daca, de
outubro de 2001 a janeiro de 2002.

Tratamento

A experiência incluiu cinco fontes de sementes. Foram as seguintes

A. Variedade CVL-1

1.BJRI
2. BADC
3. Agricultores de Manikgonj
4. Agricultores de Kishoregonj e
5. Mercado local

Desenho: Desenho completamente aleatório
Replicação: Cinco

B. Variedade 0-9897

1. BJRI
2. BADC

3. Agricultores de Faridpur
4. Agricultores de Rangpur e
5. Mercado local

Desenho: Desenho completamente aleatório

Replicação: Cinco

Recolha de dados e análise estatística

Todos os dados relativos aos atributos de qualidade das sementes foram recolhidos e analisados estatisticamente.

3.10 Procedimento pormenorizado dos diferentes ensaios de qualidade

Determinação do teor de humidade das sementes

O teor de humidade das sementes de diferentes origens foi testado tanto para CVL-1 como para O- 9897. As amostras de sementes colhidas foram testadas em laboratório quanto ao teor de humidade, segundo o método de ovendria (Khandakar, 1980). Cerca de 2 g de sementes de cada amostra foram pesadas e mantidas na estufa durante 24 horas a 100 C.^{0}

$$\text{Moisture content (\%)} = \frac{(m_2 - m_3)}{(m_2 - m_1)} \times 100$$

Onde,

m_1 = peso do cadinho + tampa

m_2 = peso do cadinho + tampa + semente fresca e

m_3 = peso do cadinho + tampa + sementes secas.

Determinação da pureza das sementes

Foram medidos 15 gramas de cada amostra de trabalho com uma balança analítica, cuidadosamente examinados e separados numa placa de pureza nos seguintes componentes, de acordo com o SCA (1995).

i) Sementes puras, ii) Outras sementes e iii) Matérias inertes.

Após a separação, as partes componentes foram pesadas separadamente com uma balança analítica e a percentagem de cada componente foi calculada e registada. Os três componentes foram pesados em conjunto para verificar qualquer perda devida ao manuseamento.

Determinação da germinação das sementes

O teste de germinação foi efectuado numa incubadora a 3O±1° C. Cem sementes com quatro repetições foram distribuídas uniformemente no topo de quatro papéis de filtro colocados em quatro placas de petri de vidro. As sementes e os papéis de filtro foram mantidos húmidos durante todo o período do teste, adicionando água. As sementes que germinaram foram contadas e registadas diariamente até ao quinto dia. Considerou-se que uma semente tinha germinado quando o invólucro da semente se rompeu e a radícula saiu até O,2 cm de comprimento. A percentagem de germinação foi calculada utilizando a seguinte fórmula (Krishnasamy e Seshu, 199O).

$$\text{Germination (\%)} = \frac{\text{Number of seeds germinated}}{\text{Number of seeds tested}} \times 100$$

Determinação do peso de 1000 sementes

Para a determinação do peso de 1OOO sementes, foram contadas aleatoriamente mil sementes de juta de cada amostra de sementes puras e pesadas numa balança eletrónica (Modelo-PC-18O). O peso das mil sementes também foi calculado com base no teor de humidade específico, seguindo o Seed Testing Manual (SCA, 2OOO).

$$\text{1000-seed weight} = \frac{\text{Weight of 1000-seeds (100 - moisture content at counting)}}{100 - \text{Weight at which moisture content is required}}$$

Determinação do vigor das sementes

A experiência foi concebida para estimar o vigor de sementes de diferentes origens, utilizando o método do teste de velocidade de germinação. Estas experiências de desempenho do vigor foram realizadas durante o período de março de 2002 a julho de 2002.

Este teste foi efectuado no laboratório com o mesmo procedimento que o teste de germinação padrão do laboratório. O vigor (valor de vigor) foi calculado de acordo com o método de Jain e Saha (1971).

$$V = \frac{a}{1} + \frac{b}{2} + \frac{c}{3} + \ldots\ldots ,$$

Onde, V= Valor de vigor, e a, b e c são o número de sementes que germinaram após 1st, 2nd e 3rd dias do início do teste de germinação. A contagem final foi efectuada ao fim de 5th dias.

O coeficiente de germinação foi calculado a partir dos dados registados acima, utilizando a fórmula de Copeland (1976).

$$\text{Co-efficient of germination} = \frac{100\,(\,A_1 + A_2 + \ldots\ldots + A_x\,)}{A_1 T_1 + A_2 T_2 + \ldots\ldots + A_x T_x} .$$

Onde, A = número de sementes germinadas, T = tempo correspondente a A e x = número de dias até a contagem final.

Avaliação do crescimento das plântulas

As plântulas obtidas do teste de germinação padrão foram utilizadas para o crescimento das plântulas. As plântulas normais e anormais foram classificadas de acordo com as regras da Association of Official Seed Analysts (AOSA, 1981). Os comprimentos dos rebentos e das raízes das plântulas foram medidos em 5th

Avaliação do estado sanitário das sementes

dia do teste de germinação. Foram colhidas aleatoriamente dez amostras de plântulas de cada petrídeo. Foram registados os comprimentos do rebento e da raiz de cada plântula. Dez plântulas foram contadas para formar uma réplica e três réplicas foram formadas desta maneira para cada tratamento. Os rebentos e as raízes foram secos a 70^0 C durante 72 horas para a produção de matéria seca. O rácio raiz-rabo com base no comprimento e no peso foi calculado de acordo com o método de Khandakar (1994) para estimar a eficiência da raiz para suportar a produção.

$$\text{Root-shoot ratio (length)} = \frac{\text{Root length (cm)}}{\text{Shoot length (cm)}}$$

$$\text{Root-shoot ratio (weight)} = \frac{\text{Root weight (g)}}{\text{Shoot weight (g)}}$$

As amostras de sementes puras foram examinadas no Laboratório Patológico do Instituto de Investigação da Juta do Bangladesh para observar a associação do agente patogénico com as sementes. Após a germinação, as sementes foram examinadas ao microscópio e foram registados os seguintes agentes patogénicos.

i) *Macrophomina phaseolina* (Podridão do caule)

ii) *Botryodiplodia theobromae* (Faixa negra)

iii) *Colletotrichum corchori* (Antracnose).

3.11 Experiência 2.1 Efeito das fontes de sementes CVL-1 na emergência de plântulas em condições de casa de vegetação e de campo

As experiências foram realizadas na estufa do BJRI, Dhaka, durante o período de abril de 2001 a junho de 2001 e repetidas durante abril de 2002 a junho de 2002. Os pormenores da experiência foram os seguintes:

Tratamento

Fontes: Cinco fontes de sementes de CVL-1 foram incluídas na experiência, semelhantes à experiência 1.

Condições: 1) Estufa e 2) Campo de cultivo

Desenho: Desenho de blocos completos aleatórios
Replicação: Três

Procedimento

O teste de emergência demorou 10 dias a ser concluído, desde a sementeira até ao registo final dos dados. Duzentas sementes por réplica de cada colheita. As sementes foram colocadas no solo da casa de vegetação e do campo ao mesmo tempo para o teste de germinação. Os testes de emergência foram conduzidos para CVL-1 e 0-9897 simultaneamente. A primeira contagem de emergência foi feita no dia 2nd mas nenhuma semente emergiu nesse período. De 2nd a 4th dias as sementes emergiram. Entretanto, a partir do 4th dia após a semeadura, a morte das sementes emergidas ocorreu continuamente até o 10th dia. Uma semente foi considerada emergida quando as suas duas primeiras folhas sobressaíram cerca de 2,5 cm acima do solo. A emergência final foi registada aos 10 dias após a sementeira. Após este período não se registou mais nenhuma emergência. O tamanho da parcela unitária foi de 1m × 1m.

Preparação das parcelas

A terra da casa de vegetação e o campo foram abertos com uma pá no mês de março, depois a terra foi preparada com a pá do campo. Na altura da preparação da terra, foi aplicado estrume de vaca a 4,50 t ha⁻¹ e a terra foi libertada de ervas daninhas e detritos vegetais por recolha manual. Durante a preparação final da parcela, foram aplicados fertilizantes NPK sob a forma de ureia, superfosfato triplo e muriato de potássio. As taxas de fertilizantes usadas foram 75-5-15 kg de NPK ha⁻¹ , respetivamente (BARC, 1997). Metade da quantidade de N e a quantidade total de P e K foram aplicadas como dose basal.

Semeadura de sementes

A percentagem de germinação das sementes utilizadas nas experiências de 2001 e 2002 foi no mínimo de 80 e 82%, respetivamente. As sementes foram semeadas a 5 de abril e 7 de abril de 2001, e a 2 de abril e 4 de abril de 2002 em estufa e no campo, respetivamente. Para cada parcela unitária foram semeadas 200 sementes de cada fonte, pelo método de difusão e posteriormente cobertas com terra.

Operações interculturais

A monda e 1st adubação de cobertura foram efectuadas aos 15 DAS.

Recolha de dados

Para o teste de emergência, a germinação das sementes no solo foi contada todos os dias de 2 a 10 dias. No último dia, 10 plântulas seleccionadas ao acaso de cada parcela replicada foram recolhidas e foram feitas as seguintes observações.

    i. Emergência (%)

ii.   Comprimento do rebento da plântula

iii.   Comprimento da raiz da plântula

iv.   Rácio raiz/parte aérea

v.   Peso seco da plântula

vi.   Emergência relativa

A emergência relativa (E.R.) foi calculada segundo o método de Khandakar (1994).

$$R.E. = \frac{\text{Field emergence}}{\text{Laboratory germination}}$$

3.12 Experiência 2.2 Efeito das fontes de sementes 0-9897 na emergência de plântulas em condições de estufa e de campo

As experiências foram realizadas na estufa do BJRI, Dhaka, durante o período de abril de 2001 a junho de 2001 e repetidas durante abril de 2002 a junho de 2002. Os pormenores da experiência foram os seguintes:

Tratamento

Fontes: Foram incluídas na experiência cinco fontes de sementes de 0-9897, semelhantes à experiência 1.

Condições: 1) Estufa e 2) Campo de cultivo

Desenho: Desenho de blocos completos aleatórios
Replicação: Três

A preparação das parcelas, todas as outras actividades e os métodos de recolha de dados foram semelhantes aos da experiência 2.1.

6.13 Experiência 3.1 Efeito das fontes de sementes CVL-1 no estabelecimento das plantas em condições de estufa e de campo

Estas experiências foram realizadas na estufa do BJRI, Dhaka, durante o mês de abril 2001 a junho de 2001 e repetido durante abril de 2002 a junho de 2002.

Tratamento

Fontes: Cinco fontes de sementes de CVL-1 foram incluídas no
que eram semelhantes aos da experiência 1.

Condições: 1) Estufa e 2) Campo de cultivo

Desenho: Desenho de blocos completos aleatórios
Replicação: Três

Procedimento

O ensaio de estabelecimento demorou 60 dias a ser concluído, desde a sementeira até ao
registo final dos dados. Foram utilizadas duzentas sementes por repetição para cada colheita. As
sementes foram colocadas no solo da casa de vegetação e do campo ao mesmo tempo para os
testes de emergência. O tamanho de cada parcela unitária foi de lm ×lm. Os testes de
estabelecimento foram realizados simultaneamente com as cultivares CVL-1 e 0-9897.

Preparação das parcelas

O solo da casa de vegetação e do campo foi aberto com um motocultivador no mês de
março, depois a terra foi preparada com a pá do campo. Na altura da preparação da terra foi
aplicado estrume de vaca a 4,50 t ha^{-1} . A terra foi libertada de ervas daninhas e detritos vegetais
por recolha manual. Durante a preparação final da parcela, foram aplicados fertilizantes NPK na
forma de ureia, superfosfato triplo e muriato de potássio. As taxas de fertilizantes utilizadas foram
75-5-15 kg de NPK ha^{-1} , respetivamente. Metade da quantidade de N e a totalidade da quantidade
de P e K foram aplicadas como dose basal. A outra metade da quantidade de N foi aplicada em
duas parcelas iguais aos 15 e 35 DAS.

Semeando sementes

As sementes utilizadas para as experiências de 2001 e 2002 tinham um mínimo de 80% e
82% de germinação, respetivamente. As sementes foram semeadas a 5 de abril e 7 de abril de
2001, e a 2 de abril e 4 de abril de 2002 em estufa e no campo, respetivamente. Em cada parcela
unitária foram semeadas 500 sementes de cada uma das fontes de amostragem pelo método de

difusão e posteriormente cobertas com terra.

Operações interculturais

A primeira monda, a primeira adubação de cobertura e a sacha da parcela para misturar o fertilizante com o solo foram efectuadas aos 15 DAS. A segunda monda, o desbaste simultâneo e a segunda adubação de cobertura com fertilizante N foram efectuados aos 35 DAS.

Recolha de dados

Para o teste de estabelecimento no campo, foram colhidas aleatoriamente plântulas com 30, 40, 50 e 60 dias de idade, tanto na estufa como no campo. Foram recolhidos os seguintes dados.

1. Altura do rebento
2. Diâmetro da base
3. Comprimento da raiz
4. Peso seco do rebento
5. Peso seco da raiz

3.14 Experiência 3.2 Efeito das fontes de sementes 0-9897 no estabelecimento das plantas em condições de estufa e de campo

Estas experiências foram realizadas na estufa do BJRI, Daca, de abril de 2001 a junho de 2001 e repetidas de abril de 2002 a junho de 2002.

Tratamento

    Fontes: Foram incluídas na experiência cinco fontes de sementes de 0-9897, semelhantes à experiência 1.

    Condições: 1) Estufa e 2) Campo de cultivo

Desenho: Desenho de blocos completos aleatórios
Replicação: Três

Todas as actividades culturais, a dimensão das parcelas e os métodos de recolha de dados foram semelhantes aos da experiência 3.1.

3.15 Experiência 4.1 Efeito das fontes de sementes na fibra e noutros componentes do rendimento da CVL-1

A experiência de campo foi conduzida na Estação Experimental de Agricultura de Juta (JAES), BJRI, Manikganj, de abril de 2001 a agosto de 2001 e repetida de abril de 2002 a agosto de 2002.

Tratamento

Foram incluídas na experiência cinco fontes de sementes de CVL-1, semelhantes à experiência 1.

Desenho: Desenho de blocos completos aleatórios
Replicação: Três

Preparação do terreno

A terra foi aberta pela primeira vez com um arado de trator no mês de março, tendo sido anteriormente deixada em pousio durante um curto período de tempo após a colheita da cultura de trigo anterior, na última semana de março.

A primeira lavoura com trator, a aplicação de estrume de vaca a 4,50 t ha^{-1} , duas gradagens cruzadas e a recolha de ervas daninhas e detritos vegetais foram feitas a 25 de março em 2001 e a 23 de março em 2002. Outras duas lavouras com trator cruzado, duas gradagens cruzadas, recolha de ervas daninhas e detritos vegetais e disposição da área experimental foram feitas a 4 de abril em 2001 e a 2 de abril em 2002.

Antes da plantação, as parcelas experimentais foram preparadas individualmente com uma pá de campo. Durante a preparação final do terreno, foram aplicados fertilizantes NPK sob a forma de ureia, superfosfatos triplos e muriato de potássio, respetivamente. As taxas de fertilizantes utilizadas foram 75-515 kg de NPK ha^{-1} , respetivamente. Metade do N e toda a quantidade de P e K foram aplicados como dose basal. A outra metade do N foi aplicada em cobertura em duas parcelas iguais aos 15 e 35 DAS.

As sementes utilizadas para as experiências de 2001 e 2002 tiveram 80% e 82% de germinação, respetivamente. As sementes foram semeadas a 5 de abril de 2001 e a 3 de abril de 2002. As sementes foram semeadas em linhas espaçadas de 30 cm em sulcos feitos por arado de campo, à razão de 7 kg ha^{-1} e os sulcos foram depois cobertos com terra. A dimensão de cada parcela unitária era de 3 m × 3 m.

Operações interculturais

As operações interculturais gerais, nomeadamente a primeira monda e o desbaste simultâneo, a primeira adubação de cobertura com fertilizante N e a sacha do terreno para misturar o fertilizante com o solo aos 15 DAS, tanto em 2001 como em 2002. Segunda monda e desbaste simultâneo, segunda aplicação de fertilizante N e sachadura do terreno para misturar o fertilizante com o solo aos 35 DAS, tanto em 2001 como em 2002. O controlo da lagarta peluda da juta por apanha manual foi feito a 20 de julho em 2001 e a 25 de julho em 2002. Durante o desbaste final, a distância planta-a-planta foi mantida aproximadamente com 7 cm dentro das linhas. Foi observada uma ligeira infestação de lagarta pilosa da juta antes de alguns dias de colheita.

Colheita das culturas

As culturas de ambos os anos foram colhidas aos 120 dias de duração do campo. Na colheita, as plantas foram contadas por parcela para registar a população. Além disso, 10 amostras de plantas de cada parcela foram retiradas ao acaso para registar os caracteres individuais das plantas. Em seguida, as plantas colhidas foram transformadas em feixes, com 100 plantas em cada feixe. Os feixes foram então devidamente etiquetados e amontoados num campo de juta seca durante quatro dias para desfoliação.

Retificação e decapagem

As plantas de juta desfolhadas foram deixadas a retrair-se num tanque de retrete próximo, seguindo as tecnologias de retrete de juta recomendadas (BJRI, 1990a). As colheitas dos anos 2001 e 2002 demoraram 19 e 22 dias, respetivamente, para completar a maceração. Após a conclusão da maceração, as fibras foram extraídas manualmente, devidamente lavadas e bem secas ao sol numa barra de bambu. Em seguida, as fibras dos feixes foram separadas por parcelas e pesadas. As varas de juta também foram secas e depois pesadas.

Recolha de dados

O rendimento em fibras e os caracteres de rendimento foram avaliados com base nos seguintes caracteres da planta.

    i.   Estande de plantas na colheita m^{-2}

    ii. Altura da planta

    iii. Diâmetro do topo, do meio e da base da planta

    iv. Diâmetro do topo, do meio e da base da vara

    v. Rendimento das fibras

    vi. Rendimento da vara

A altura da planta e os diâmetros do topo, do meio e da base foram anotados no dia da colheita em 10 plantas seleccionadas aleatoriamente.

3.16 Experiência 4.2 Efeito das fontes de sementes na fibra e noutros componentes do rendimento de 0-9897

A experiência de campo foi conduzida na Estação Experimental de Agricultura de Juta (JAES), BJRI, Manikganj, de abril de 2001 a agosto de 2001 e repetida de abril de 2002 a agosto de 2002.

Tratamento

Foram incluídas na experiência cinco fontes de sementes de 0-9897, semelhantes à experiência 1.

Desenho: Desenho de blocos completos aleatórios

Replicação: Três . . .. " .....

Preparação do terreno: **Igual à Expt. 4.1.**

Método de preparação do terreno: **Igual ao da Expt. 4.1.**

Antes da plantação, as parcelas experimentais foram preparadas individualmente com a pá de campo. Durante a preparação final do terreno, foram aplicados fertilizantes NPK sob a forma de ureia, superfosfato triplo e muriato de potássio. As taxas de fertilizantes foram 90-10-30 kg de NPK ha^{-1}, respetivamente (BARC, 1997). Metade do N e toda a quantidade de P e K foram aplicados como dose basal. A outra metade do N foi aplicada no topo em duas divisões iguais 15 e 35 DAS.

As sementes utilizadas para as experiências de 2001 e 2002 tiveram 84 e 80% de germinação, respetivamente. As sementes foram semeadas a 7 de abril de 2001 e a 4 de abril de 2002. As sementes foram semeadas em linhas a 30 cm de distância dos sulcos, à razão de 5 kg ha^{-1} . As sementes foram depois cobertas com terra.

Operação intercultural: **Estes foram semelhantes aos da Expt. 4.1.**

Colheita das culturas:

O tempo e o método de colheita foram os mesmos da Exp. 4.1.

Retirada e desfolhamento de plantas

As colheitas dos anos 2001 e 2002 demoraram 17 e 18 dias, respetivamente, para a conclusão da maceração. Todas as outras actividades relativas à maceração e ao descasque foram semelhantes às da experiência 4.1.

Recolha de dados

Estes foram os mesmos que os da Expt. 4.1.

3.17   Experiência 5.1 Efeito das fontes de sementes na semente e noutros componentes do rendimento da CVL-1 em diferentes métodos de produção de sementes

A experiência de campo foi realizada na Estação Experimental de Agricultura de Juta (JAES), BJRI, Manikganj, de abril de 2001 a novembro de 2001 e repetida de abril de 2002 a novembro de 2002. Os pormenores das experiências foram os seguintes

Tratamentos

Os tratamentos consistiram em

Fator A: Cinco fontes de sementes de CVL-1 foram incluídas na experiência, semelhantes à experiência 1. e

Fator B: Dois métodos de produção. São eles

i. Método convencional

ii. Método melhorado

Desenho: Desenho de blocos completos aleatórios
Replicação: Três

Método de produção

Em função da época de sementeira, os métodos de produção de sementes de juta foram dividos em dois. Trata-se dos métodos convencional e melhorado. No método convencional, tanto a CVL-1 como a O-9897 foram semeadas em maio. Além disso, no método melhorado, as sementes de diferentes fontes foram semeadas em julho e agosto para a CVL-1 e a O-9897, respetivamente.

Preparação do terreno

A terra foi aberta pela primeira vez com uma charrua de trator no mês de abril, que foi anteriormente deixada a seguir por um curto período de tempo após a colheita da cultura de trigo anterior na última semana de março. A primeira lavoura com trator, a aplicação de estrume de vaca a 4,50 tha^{-1} , a segunda lavoura com trator, duas gradagens cruzadas e a recolha de ervas daninhas e detritos vegetais foram feitas em 20 de abril de 2001 e 18 de abril de 2002. Uma outra lavoura com trator, duas gradagens cruzadas, recolha de ervas daninhas e detritos vegetais e disposição da área experimental foram realizadas em 14 de maio de 2001 e 12 de maio de 2002.

Antes da sementeira, as parcelas experimentais foram preparadas individualmente com uma pá de campo. Durante a preparação final do terreno e na véspera da sementeira, foram aplicados fertilizantes NPK sob a forma de ureia, superfosfatos triplos e muriato de potássio. As taxas de fertilizantes foram de 80-10-15 kg de NPK ha^{-1} , respetivamente (BARC, 1997). Metade do N e a totalidade do P e K foram aplicados como dose basal. A outra metade do N foi aplicada em duas parcelas iguais aos 15 e 35 DAS.

As sementes utilizadas para as experiências de 2001 e 2002 tiveram uma germinação de 85% e 82%, respetivamente. As sementes foram semeadas a 1 de maio de 2001 e 3 de maio de 2002 para a sementeira convencional e a 21 de julho de 2001 e 24 de julho de 2002 para o método melhorado. As sementes foram semeadas em linhas à taxa de 5,5 kg ha^{-1} em sulcos de 30 cm de distância feitos com arado rural e posteriormente cobertos com terra para ambos os métodos de produção de sementes. O tamanho de cada parcela unitária era de 3 m×3 m.

Operações interculturais

A primeira monda e o desbaste simultâneo, a primeira adubação de cobertura com fertilizante N e a sacha do terreno para misturar o fertilizante com o solo foram efectuados aos 15 DAS, tanto em 2001 como em 2002. A segunda monda e o desbaste simultâneo, a segunda adubação de cobertura com fertilizante N e a sacha do terreno para misturar o fertilizante com o solo foram efectuados aos 35 DAS, tanto em 2001 como em 2002. A irrigação suplementar foi aplicada em 11 de setembro de 2001 e 9 de setembro de 2002. Durante o desbaste final, a distância entre plantas foi mantida em aproximadamente 7 cm dentro das linhas. Foi observada uma ligeira infestação da lagarta peluda da juta nas culturas e as lagartas foram controladas por apanha manual em 25 de setembro de 2001 e 1 de outubro de 2002.

Colheita e tratamento de sementes

Antes da colheita, 10 plantas de cada parcela foram seleccionadas ao acaso e retiradas da parcela para registar os caracteres individuais das plantas. Em seguida, todas as plantas de cada parcela foram contadas linha a linha para registar a população de plantas. As colheitas foram efectuadas entre 10 e 25 de dezembro de 2001 para a   experiência de 2001   e   entre 15   e 28 de dezembro de 2002 para a   experiência de 2002, dependendo do estado de maturação desejado das sementes. As colheitas de ambos os anos foram efectuadas com cerca de 50 a 60% de maturação das vagens. A maturidade foi detectada pela cor castanha da vagem.

As sementes foram colhidas ao nível do solo e transportadas para a eira, sendo depois espalhadas na eira para secarem ao sol. Depois de secas ao sol durante cinco dias, as sementes foram debulhadas com paus. Em seguida, as sementes foram limpas e secas durante mais quatro dias ao sol (6 horas por dia) para estarem prontas para a pesagem. As sementes foram pesadas no dia seguinte após a conclusão da secagem.

Recolha de dados

O rendimento das sementes foi avaliado com base nos seguintes atributos:

i. Número de plantas na colheita $(m")^{2}$

ii. Altura da planta

iii. Número de ramos da planta".^{1}

iv. Número de vagens da planta".^{1}

v. Número de vagens de sementes".^{1}

vi. Número de sementes plantadas".^{1}

vii. Peso de 1000 sementes

viii. Rendimento das sementes

Os parâmetros dos números de série ii. a vi. foram registados a partir de 10 plantas seleccionadas aleatoriamente e posteriormente convertidos em parcelas unitárias e os outros parâmetros foram registados a partir do lote de sementes de cada parcela.

3.18 Experiência 5.2 Efeito das fontes de sementes na semente e noutros componentes do rendimento da 0-9897 em diferentes métodos de produção de sementes

A experiência de campo foi realizada na Jute Agriculture Experimental Station (JAES), BJRI, Manikganj, de abril de 2001 a janeiro de 2002 e repetida de abril de 2002 a janeiro de 2003. Os pormenores da experiência foram os seguintes

Tratamentos

Os tratamentos consistiram em

Fator A: Cinco fontes de sementes de 0-9897 foram incluídas na experiência, semelhantes à experiência 1. e

Fator B: Dois métodos de produção. São semelhantes aos da experiência 5.1.

Desenho: Desenho de blocos completos aleatórios
Replicação: Três

Preparação do terreno

A preparação do terreno foi idêntica à da experiência 5.1.

As taxas de fertilizantes foram 90-20-20 kg de NPK ha^{-1}, respetivamente (BARC, 1997). Todas as outras práticas culturais foram iguais às da experiência 5.1.

As sementes utilizadas para as experiências de 2001 e 2002 tiveram 82% e 84% de germinação, respetivamente. As sementes foram semeadas a 1 de junho de 2001 e 3 de junho de 2002 para a sementeira convencional e a 21 de agosto de 2001 e 24 de agosto de 2002 para o método melhorado. As sementes foram semeadas em linhas à razão de 4,5 kg ha^{-1} em sulcos de 30 cm de distância feitos com arado rural e posteriormente cobertos com terra.

Operações interculturais

As operações interculturais gerais efectuadas foram as mesmas que as da experiência 5.1. Foi aplicada uma irrigação suplementar em 11 de novembro de 2001 e 9 de novembro de 2002. Foi também observada uma ligeira infestação da lagarta peluda da juta durante a experiência, tendo as lagartas sido controladas por colheita manual em 25 de setembro de 2001 e 1 de outubro de 2002.

Colheita e tratamento de sementes

Antes da colheita, 10 plantas de cada parcela foram seleccionadas ao acaso e retiradas da parcela para registar os caracteres individuais das plantas. Em seguida, todas as plantas de cada parcela foram contadas linha a linha para registar a população. As colheitas foram efectuadas entre 20 de dezembro de 2001 e 10 de janeiro de 2002 na experiência de 2001 e na de 2002 entre 19 de dezembro de 2002 e 12 de janeiro de 2003, dependendo do estádio de maturação das sementes desejado para a cultura. A colheita de ambos os anos foi efectuada com cerca de 80% de maturidade das vagens. A maturidade foi detectada pela cor castanha da vagem.

As sementes eram colhidas ao nível do solo e transportadas e espalhadas na eira para secarem ao sol. Depois de secarem ao sol durante cinco dias, as sementes foram debulhadas com paus. Em seguida, as sementes foram limpas e secas durante mais quatro dias ao sol (6 horas por dia^{-1}), para estarem prontas para a pesagem. As sementes foram pesadas no dia seguinte após a conclusão da secagem.

Recolha de dados

Os dados relativos à semente e a outros atributos de rendimento foram registados tal como na experiência 5.1.

Análise estatística

Os dados de todas as experiências foram analisados segundo a técnica de análise de variância. Todos os dados das experiências laboratoriais foram analisados de acordo com o desenho completamente aleatório e todos os outros dados das experiências em casa de vegetação e no campo de acordo com o desenho de blocos completos aleatórios. Os dados das experiências de dois anos, ou seja, as experiências 2.1, 2.2, 3.1, 3.2, 4.1, 4.2, 5.1 e 5.2, foram analisados separadamente (por ano). Os dados percentuais da germinação das sementes, do teor de humidade das sementes e da presença de agentes patogénicos foram analisados após a transformação da raiz quadrada. As diferenças médias entre os tratamentos foram avaliadas pelo teste de Duncan (Gomez e Gomez, 1984).

CAPÍTULO 4

RESULTADOS E DISCUSSÃO

Os resultados das nove experiências foram apresentados, por experiência, nos Quadros 1.1 a 6.5.2 e nas Figuras 4.1 a 4.12 e discutidos em conformidade neste capítulo. As avaliações da qualidade de todos os locais dos agricultores foram apresentadas nos Apêndices A 1.1 a A 4.1.

4.1 Experimento 1 Avaliação dos atributos de qualidade de sementes de CVL-1 e O-9897 coletadas de diferentes fontes

4.1.1 Teor de humidade

As fontes de sementes mostraram uma diferença significativa no teor de humidade das sementes (Quadro 1.1). O teor de humidade mais elevado, de 13,93%, foi obtido nas sementes do mercado de CVL-1 e 12,84% nas sementes dos agricultores de Rangpur de 0-9897. No CVL-1, as sementes dos agricultores da localidade de Kishoregonj e o teor de humidade das sementes do mercado não foram significativos. Contudo, em 0-9897, as sementes dos agricultores de Rangpur eram estatisticamente idênticas às sementes do mercado local. As sementes de juta recolhidas em explorações agrícolas de diferentes locais continham um teor de humidade mais elevado do que as sementes do BJRI e do BADC. As sementes de juta do BJRI e do BADC de CVL-1 e 0-9897 continham 9,26% e 10,78%; 9,44% e 9,96% de humidade, enquanto que as sementes dos agricultores e do mercado local continham uma humidade muito mais elevada, isto é, 13,62, 13,87 e 13,93% em CVL-1 e 11,85, 12,84 e 12,13 em 0-9897 (Quadro 1.1).

Os teores de humidade mais elevados nas sementes de juta dos agricultores e do mercado foram associados a um menor número de horas de sol durante o período de secagem. A secagem das sementes dos agricultores no chão de terra batida pode impedir a redução do teor de humidade das sementes. Além disso, o armazenamento das sementes em sacos de artilharia e noutros ambientes de armazenamento locais pode também ter influenciado o aumento do teor de humidade das sementes dos agricultores e do mercado local. Como as sementes são materiais vivos altamente higroscópicos, absorvem a humidade do ar, se forem armazenadas num ambiente onde a humidade relativa é superior ao teor de humidade das sementes (Copeland, 1976). O baixo teor de humidade das sementes da BJRI e da BADC pode dever-se a uma exposição solar e a um armazenamento adequados. O baixo teor de humidade das sementes BJRI e BADC tem um melhor valor de plantação, uma vez que Sobhan e Khatun (1986) referiram que as sementes de juta com um teor de humidade de 4 a 7% mantinham mais de 85% de viabilidade até doze meses, mesmo à temperatura ambiente.

Os resultados acima referidos estão parcialmente em conformidade com os de Islam *et al.* (1999) e Islam *et al.* (2002), que relataram variações no teor de humidade das sementes de juta, kenaf e reselle, e estão em total concordância com os de Hossain *et al.* (1994b), que observaram todas as categorias de agricultores (variando de 5-10 por cento).

4.1.2 Pureza das sementes

A percentagem de sementes puras foi mais elevada para ambas as espécies nas fontes BJRI seguidas por BADC. No CVL-1, a percentagem mais elevada de sementes puras (99,58%) foi encontrada nas sementes da BJRI, seguida da BADC (97,70%). Em contraste, a pureza mais baixa (80,36%) foi observada em sementes de agricultores de Manikgonj (Tabela 1.3). Na espécie 0-9897, a pureza mais alta de 99,44% foi encontrada na semente BJRI, que foi estatisticamente idêntica à BADC (97,98%). A pureza mais elevada, de 85,04%, foi registada nas sementes dos agricultores de Rangpur. Contudo, as sementes do mercado local mostraram uma pureza muito melhor (94,34%) do que a da CVL-1 (85,71%) (quadros 1.3 e 1.4).

A percentagem de matéria inerte também variou significativamente devido às diferentes fontes de sementes. A matéria inerte foi a mais alta (19,57 por cento) na fonte de sementes dos agricultores de Mankigonj, seguida pela fonte dos agricultores de Kishoregonj (17,88 por cento) e fontes do mercado local (14,23 por cento) em sementes CVL-1. No entanto, a matéria inerte mais baixa (0,36%) foi encontrada nas fontes do BJRI e a segunda mais baixa (2,17%) no BADC (Tabela 1.3). Por outro lado, a Tabela 1.4 mostra que a menor porcentagem de matéria inerte (0,47 por cento) foi pré-enviada no BJRI, seguida pelo BADC (1,91 por cento). A percentagem mais elevada de matéria inerte (15,34) foi observada nas sementes dos agricultores de

Rangpur. O segundo maior teor de matéria inerte (13,41%) foi encontrado em sementes de agricultores colhidas em Faridpur (Tabela 1.4).

A maior pureza das sementes nas fontes BJRI e BADC deveu-se ao processamento das sementes numa eira cimentada. A eira é considerada como o principal local de contaminação das sementes, o que pode ser evitado com uma eira cimentada. A utilização da eira cimentada durante o processamento das sementes a nível das explorações agrícolas resultou numa maior acumulação de matérias inertes nas sementes dos agricultores. O estudo mostrou que a percentagem de pureza das sementes dos agricultores era, no entanto, melhor no caso das sementes 0-9897. As sementes 0-9897 são produzidas nas terras altas das regiões de Faridpur e Rangpur. Os agricultores dessas zonas são mais cuidadosos durante o processamento das sementes de juta e evitam a mistura de matérias inertes nas sementes de juta (quadro 1.4).

Islam *et al.* (2002) estudaram diferentes categorias (sementes de reprodutores, sementes de fundação, sementes certificadas e sementes de agricultores) de sementes de juta relativamente à pureza, viabilidade, vigor, rendimento verde e rendimento de fibras secas das variedades 0-9897 e CVL-1. A pureza das sementes de seleção foi considerada a melhor em todos os aspectos e as sementes dos agricultores foram as mais pobres.

4.1.3 Germinação

A taxa de germinação de diferentes sementes variou muito devido às fontes para ambas as espécies (Fig. 4.1 e 4.2). Verificou-se que a semente de juta começou a germinar num dia e a maioria das sementes germinou (>70%) no segundo dia. No entanto, todas as sementes de diferentes fontes de ambas as espécies precisaram de quatro a cinco dias para completar a germinação. As sementes de CVL-1 germinaram mais rapidamente do que 0-9897 nas primeiras 24 horas. As sementes de BJRI e BADC de ambas as espécies germinaram mais rapidamente do que todas as outras fontes de sementes. A germinação mais alta de 95% foi encontrada para 0-9897 e 89% para CVL-1 com fontes BJRI, seguida por BADC 92% para 0-9897 e 87% para CVL-1. A percentagem de germinação diferiu significativamente devido às diferentes fontes de sementes. Foi observada uma germinação inferior, mas superior a 80%, nas sementes de agricultores de diferentes locais e fontes do mercado local para ambas as variedades. A percentagem padrão de germinação foi de 80% para ambas as espécies de juta. Foram observadas taxas de germinação mais baixas no caso das sementes de CVL-1. A germinação mais baixa (81%) foi observada nas sementes CVL-1 dos agricultores em Manikgonj, enquanto 82% nas fontes do mercado local e 85% em Kishoreganj. A germinação mais alta (89%) foi observada em sementes BJRI para sementes CVL-1, seguida por sementes BADC (87%) (Tabela 1.1).

Verma e Arora (1978) observaram que as sementes de juta da variedade CVL-1 necessitavam de oito dias, enquanto as da variedade 0-9897 necessitavam de cinco dias para completar a germinação a 30° C. No entanto, a percentagem de germinação aumentou com o aumento da temperatura. Jain e Saha (1971) referiram que mais de 90% das sementes de ambas as espécies germinavam nas primeiras 24 horas a 30° C. Independentemente das fontes de sementes, a germinação em 0-9897 foi menor (variou de 25 a 35%) do que em CVL-1 (cerca de 42 a 68%). Hossain *et al.* (1994) observaram que as amostras de sementes recolhidas em diferentes locais de pesquisa deram uma taxa média de germinação que variava entre 31 e 66% quando aplicadas a todas as categorias de agricultores, o que estava muito abaixo da taxa mínima esperada ou recomendada de 80%. Foi lamentável que cerca de 50 por cento das amostras de sementes contivessem humidade acima de 10,22 a 13,38 por cento. Assim, essas amostras eram muito incertas para manter a viabilidade adequada das sementes. A menor germinação das sementes dos agricultores pode dever-se a uma maior infestação de agentes patogénicos que têm uma relação negativa entre a percentagem de agentes patogénicos e a germinação das sementes de juta. Islam *et al.* (1999) e Islam *et al.* (2002) referiram que a percentagem de germinação diferia significativamente entre a juta, o kenaf e o reselle.

Tabela 1.1. Atributos de qualidade das sementes CVL-1 afectados pelas fontes de sementes

Treatments (Seed sources)	Moisture Content (%)	1000-seed weight (g)	Germination (%)	1000-seed weight at 9% moisture (g)
BJRI	9.26 d (3.13d)	3.14b	89a (9.44a)	3.13
BADC	10.78 c (3.36c)	3.24b	87ab (9.37ab)	3.18
Farmer (Manikganj)	13.02 b (3.68b)	3.36a	81d (9.01d)	3.27
Farmer (Kishoreganj)	13.87 a (3.79a)	3.38a	85bc (9.22bc)	3.20
Local market	13.93 a (3.80a)	3.36a	82cd (9.09cd)	3.21
Level of significance	0.01	0.05	0.01	-

Numa coluna, os números com letra(s) comum(ns) não diferem significativamente entre si por DMRT a um nível de probabilidade de 5% e 1%. Dado transformado entre parêntesis.

Tabela 1.2. Atributos de qualidade das sementes 0-9897 afectados pelas fontes de sementes

Treatments (Seed sources)	Moisture Content (%)	1000-seed weight (g)	Germination (%)	1000-seed weight 9% moisture (g)
BJRI	9.44c (3.15c)	1.76b	95a (9.75a)	1.75
BADC	9.96c (3.23c)	1.87b	92a (9.64a)	1.85
Farmer (Faridpur)	11.85b (3.51b)	2.17a	82b (9.10b)	2.10
Farmer (Rangpur)	12.84a (3.65a)	2.11a	84b (9.19b)	2.02
Local market	12.13b (3.55b)	2.05a	83b (9.15b)	1.98
Level of significance	0.01	0.01	0.01	-

Numa coluna, os números com letra(s) comum(ns) não diferem significativamente entre si por DMRT ao nível de 1% de probabilidade. Dado transformado entre parêntesis.

Tabela 1.3. Pureza e sanidade das sementes de CVL-1 afectadas pelas fontes de sementes

Treatments (Seed sources)	Pure Seed (%)	Other seed (%)	Inert Matter (%)	Pathogen (%)			
				$M.P.$	$B.T$	$C.C.$	Sap.
BJRI	99.58	0	0.36	-	-	-	-
BADC	97.70	0	2.17	-	-	-	0.40c (0.88c)
Farmer (Manikganj)	80.36	0	19.57	3.80a (2.05a)	-	7.60a (2.84a)	5.00b (2.32b)
Farmer (Kishoreganj)	82.08	0	17.88	3.40ab (1.96ab)	-	4.00b (2.12b)	7.80a (2.88a)
Local market	85.71	0	14.23	2.00b (1.57b)	-	4.00b (2.11b)	3.20b (1.90b)
Level of significance	-	-	-	0.05	-	0.01	0.05

Quadro 1.4. Pureza e sanidade das sementes 0-9897 em função das fontes de sementes

Treatments (Seed sources)	Pure seed (%)	Other seed (%)	Inert matter (%)	Pathogen (%)			
				M.P.	*B.T.*	*C.C.*	Sap.
BJRI	99.44	0	0.47	-	-	-	-
BADC	97.98	0	1.91	1.60b (1.44b)	0.80c (1.09c)	-	-
Farmer (Faridpur)	86.48	0	13.41	1.85b (1.53b)	4.60a (2.26a)	1.24	15.40a (3.97a)
Farmer (Rangpur)	85.04	0	15.34	1.40b (1.37b)	3.20b (1.91b)	0.00	12.00a (3.53a)
Local market	94.34	0	5.65	2.60a (1.76a)	1.40c (1.37c)	0.99	7.00b (2.72b)
Level of significance	-	-	-	0.01	0.01	NS	0.01

M.P.=Macrophomina phaseolina, B.T.=Botridiplodia theobromeae, C.C.=Coletroticum corchori e Sap.= Saprófita

Numa coluna, os números com letra(s) comum(ns) não diferem significativamente entre si por DMRT ao nível de 1% de probabilidade. Dado transformado entre parêntesis.

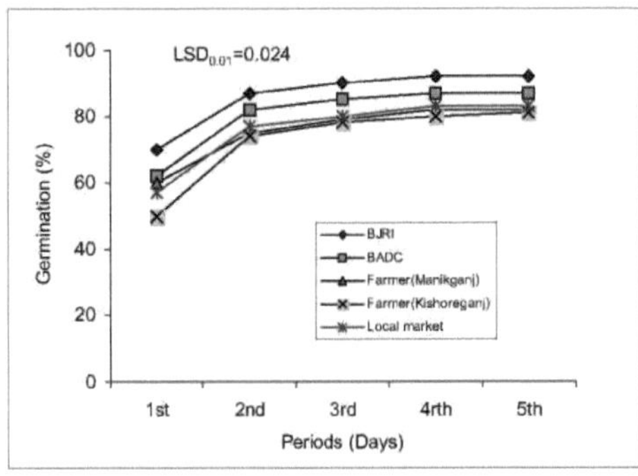

Fig. 4.1. Taxa de germinação de sementes CVL-1 afetada pelas fontes de sementes

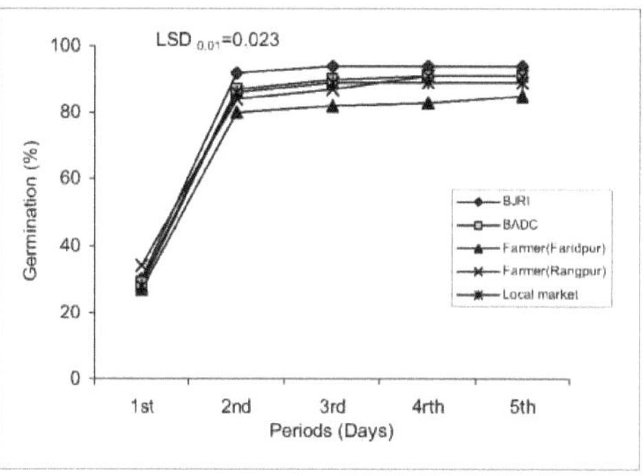

Fig. 4.2. Taxa de germinação de sementes 0-9897 afetada pelas fontes de sementes

4.1.4 Peso de mil sementes

As sementes de CVL-1 foram maiores do que as de 0-9897 (Tabela 1.1). O peso de mil sementes da espécie CVL-1 variou de 3,14 a 3,38g e o da 0-9897 variou de 1,76 a 2,11g. O tamanho das sementes das espécies CVL-1 e 0-9897 diferiu significativamente. Os pesos das sementes dos agricultores e do mercado local foram estatisticamente idênticos. O menor foi observado na semente BJRI (3.14g) para a variedade CVL-1. O menor peso de semente foi observado em BJRI e BADC em 0-9897. Maior O peso das sementes foi encontrado em sementes de agricultores de dois locais e em sementes do mercado local. Uma vez que o tamanho das sementes difere consoante a localização da vagem na planta e a localização das sementes na vagem, a classificação das sementes pode ajudar a recolher o melhor peso de sementes para utilização futura. A falta de conhecimento sobre a classificação das sementes pode ser a possível causa do tamanho inferior das sementes dos agricultores e do mercado local. A 9% de humidade, o maior peso de 1000 sementes ou tamanho de sementes de CVL-1 foi observado em sementes de agricultores de Manikgonj e o menor em Kishoreganj. Por outro lado, em 0-9897, o maior tamanho de semente foi encontrado em sementes de BJRI seguido por BADC. O menor (2,11 g) foi observado nas sementes de juta dos agricultores de Rangpur (Quadro 1.1).

Talukder e Ali (1977) relataram que os frutos de *C. capsularis* L. têm 1,0 a 1,5 cm de diâmetro e forma redonda. As sementes, em número de 7 a 10, estão dispostas em duas filas sem partição transversal em cada uma das 5 câmaras. Há 35 a 50 sementes em cada fruto. Por outro lado, em *C. olitorius* L., o fruto contém 25 a 40 sementes dispostas numa única fila com uma divisão transversal entre as sementes. Existem 125 a 200 sementes em cada fruto de *C. olitorius*

L. As sementes de juta não são redondas. Têm uma forma piramidal com 4-5 faces. As sementes de *C. olitorius* L. são mais pequenas do que as de *C. capsularis* L. Talukder e Akanda (1994) referiram que, de entre os factores pré-colheita, o efeito do fotoperíodo é presumivelmente muito elevado na qualidade das sementes de juta, uma vez que a cultura de juta plantada em condições de fotoperíodo curto exorbitante dá um peso inferior a 1000 sementes e uma menor viabilidade das sementes. Choudhury *et al.* (1998) relataram que os agricultores geralmente seguem uma taxa de sementes mais elevada do que a recomendada pelo BJRI. As sementes vendidas nos mercados não oferecem qualquer garantia em termos de qualidade. Islam *et al.* (1999) revelaram que o número de sementes por cama, o volume por kg de sementes, a percentagem de germinação, o valor de vigor e a percentagem de humidade diferiam significativamente entre as culturas de juta, kenaf e reselle. Choudhury (1994) referiu que a capacidade de germinação das sementes de juta estava correlacionada com o peso das sementes. O fator peso das sementes influenciou a germinação total, bem como a velocidade de germinação.

4.1.5 Vigor das sementes

O índice de vigor foi calculado a partir do teste de velocidade de germinação. Foram realizados dois conjuntos de experiências para sementes de CVL-1 e 0-9897 obtidas de diferentes fontes. O índice das diferentes fontes de sementes de CVL-1 e 0-9897 variou significativamente (Tabelas 1.5 e 1.6). O maior índice de vigor (76,35) foi observado nas fontes da BJRI e o menor (64,02) nas fontes de sementes dos agricultores de Kishoregonj na CVL-1. Por outro lado, em 0-9897, o índice de vigor mais alto (63,63) foi encontrado nas fontes da BJRI e o mais baixo (46,59) nos agricultores de Faridpur. Em 0-9897, em termos de índice de vigor, não houve diferença significativa entre as duas fontes, BJRI e BADC. No entanto, a fonte do mercado local e as fontes dos agricultores de diferentes locais diferiram estatisticamente em relação ao índice de vigor. O índice de vigor das sementes do mercado local foi mais elevado do que o das sementes dos agricultores de Rangpur e Faridpur. Pelo contrário, as diferenças no índice de vigor foram significativas no caso das sementes BJRI e BADC de CVL-1. As sementes BJRI foram superiores às BADC neste aspeto (Quadro 1.5).

A partir deste teste de avaliação do vigor, foram calculadas e avaliadas a percentagem de germinação após 48 horas e o coeficiente de germinação. Para o teste de velocidade de germinação após 24 horas, observou-se que a tendência de germinação das sementes CVL-1 foi maior do que as sementes 09897. Após 24 horas, cerca de 50-65 por cento das sementes germinaram em CVL-1, no entanto, no caso das sementes 0-9897, apenas 25- 35 por cento das sementes germinaram. A partir deste teste, observou-se ainda que, após 48 horas, o número máximo de sementes de CVL-1 e 0-9897 completou a sua germinação. Mesmo após 48 horas, um pequeno número de sementes demorou 120 horas a germinar. Normalmente, os lotes de sementes de juta necessitam de 120 horas para completar a germinação (ISTA, 1985). No caso das sementes CVL-1 e 0-9897, a percentagem de germinação após 48 horas diferiu significativamente devido às diferentes fontes de sementes (Quadros 1.5 e 1.6).

No caso da CVL-1, a germinação mais alta (86,60%) foi encontrada na semente BJRI. Resultado semelhante foi observado em 0-9897. Cerca de 87% das sementes da BJRI germinaram, seguidas pelas sementes do BADC e dos agricultores de Mankigonj para CVL-1 e Faridpur para 0-9897. A germinação mais baixa (75,80) após 48 horas em CVL-1 foi encontrada em sementes de agricultores de Kishoregonj e em 0-9897 foi de 71 por cento em sementes de agricultores de Rangpur.

Tabela 1.5. Índice de vigor e coeficiente de germinação de sementes CVL-1 afectados pelas fontes de sementes

Treatments (Seed sources)	Vigour Index	Germination after 48 hours (%)	Coefficient of germination
BJRI	76.35a	86.60a (9.33a)	80.86a
BADC	73.52b	83.80b (9.18b)	78.60a
Farmer (Manikganj)	71.03c	82.40c (9.10c)	79.24a
Farmer (Kishoreganj)	64.02e	75.80e (8.73e)	67.40c
Local market	68.56d	78.40d (8.88d)	75.38b
Level of significance	0.01	0.01	0.01

Numa coluna, os números com letra(s) comum(ns) não diferem significativamente entre si ao nível de 1% de probabilidade. Os dados entre parêntesis são transformados em raiz quadrada.

Tabela 1.6. Índice de vigor e coeficiente de germinação de sementes 0-9897 afectados pelas fontes de sementes

Treatments (Seed sources)	Vigour index	Germination after 48 hours (%)	Coefficient of germination
BJRI	63.63a	87.00a (9.35a)	60.53
BADC	61.75a	82.60b (9.12b)	59.11a
Farmer (Faridpur)	46.59d	71.00c (8.45c)	56.55b
Farmer (Rangpur)	53.00c	82.60b (9.11b)	58.88a
Local market	56.68b	79.00b (8.92b)	58.32a
Level of significance	0.01	0.01	0.01

Numa coluna, os números com letra(s) comum(ns) não diferem significativamente entre si ao nível de 1% de probabilidade. Os dados entre parêntesis são transformados em raiz quadrada.

O coeficiente de germinação das sementes CVL-1 e 0-9897 diferiu significativamente devido às fontes de sementes (Tabela 1.5 e 1.6). O coeficiente de germinação mais alto foi encontrado em CVL-1 do que nas fontes de sementes 0-9897. O valor mais alto (80,86) foi encontrado em sementes CVL-1 da fonte BJRI e 60,53 em sementes 0-9897 coletadas de agricultores de Faridpur. O coeficiente de germinação foi estatisticamente semelhante nas sementes de BJRI, BADC e agricultores para CVL-1. No entanto, com exceção das sementes do BADC, não houve variação significativa entre as outras fontes de sementes 0-9897 (quadros 1.5 e 1.6).

Haque e Khandakar (1992) referiram que a semente de *C. olitorius* L. permanecia dormente quando continha um elevado nível de humidade após a colheita e que a percentagem de germinação aumentava rapidamente com a secagem das sementes. A percentagem de germinação aumentou de 18 para 92% quando a humidade diminuiu de 40 para 8% devido à secagem. Islam (1996) verificou que a germinação das sementes de juta após 48 horas era um bom indicador do vigor e que a germinação em laboratório era 15-20% mais elevada do que a emergência no campo. Islam *et al.* (2002) referiram na sua avaliação da potencialidade das sementes que o lote de sementes de *C. capsularis* L. diferia significativamente nos testes de cultura em vaso, velocidade de germinação, teste de frio e germinação após 48 horas. Em *C. olitorius* L., o lote de sementes diferiu significativamente nos testes de germinação padrão de laboratório, de cultura em vaso, de temperatura quente e de frio. A germinação mais elevada foi de 92% em *C. capsularis* L. e de 96% em *C. olitorius* L., respetivamente para os testes de germinação no tratamento a frio. *C. capsularis* L. diferiu devido ao vigor e outros testes de potencialidade.

Yamauchi e Tun (1996) registaram uma correlação positiva entre o índice de vigor e a germinação e sugeriram que a germinação mais rápida indica o sucesso do estabelecimento da planta em condições de campo. Hossain *et al.* (1994b) relataram que os valores do coeficiente de correlação (r) variaram entre os locais 0,75 a -0,96, onde o teor de humidade das sementes variou de 5 a 20% e a germinação de sementes variou de 00 a 98%. Os autores também estimaram a equação de regressão do teor de humidade das sementes e da germinação das sementes. A equação de regressão média apareceu em Y= 98,67-3,34x. A partir desta equação, estimaram a viabilidade das sementes em 80% com o ajustamento do teor de humidade das sementes em 5,62%. No mesmo relatório, afirmaram ainda que o teor de humidade das sementes tinha uma correlação muito elevada e positiva com a associação do agente patogénico fúngico. Os valores do coeficiente de correlação ® variaram de 0,33 a 0,86 em seis locais. Islam *et al.* (2002) relataram que a correlação mais alta (r=98**) foi encontrada no teste de germinação de *C. capsularis* L. em cultura em vaso com tratamento de temperatura quente e na germinação padrão de laboratório com cultura em vaso de *C. olitorius* L. (r=97**). A taxa de germinação apresentou uma correlação negativa mas significativa com todos os outros testes.

O índice de vigor foi positivamente correlacionado com o coeficiente de germinação em fontes de sementes de juta CVL-1 (Fig. 4.3). A relação foi significativa em 0-9897 também (Fig. 4.4).

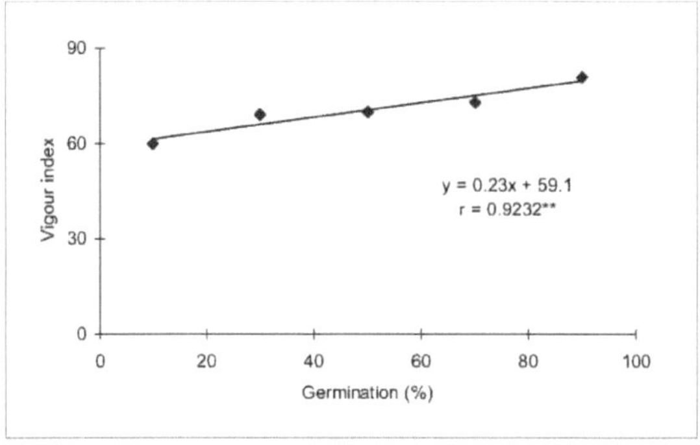

Fig. 4.3. Relação entre o índice de vigor e a percentagem de germinação de sementes CVL-1 afetada pelas fontes de sementes.

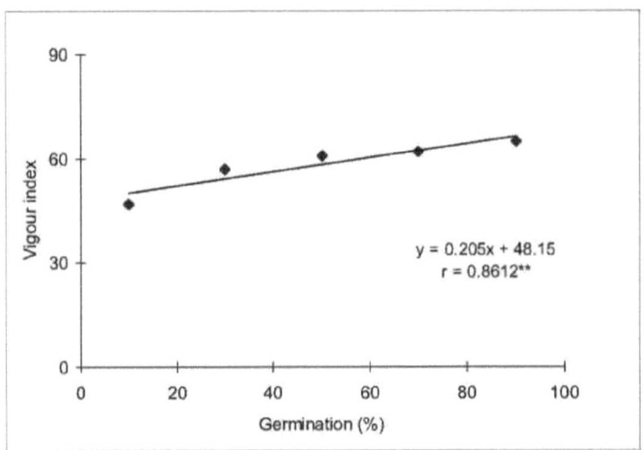

Fig. 4.4. Relação entre o índice de vigor e a percentagem de germinação da semente 0-9897 afetada pelas fontes de sementes

4.1.6 Crescimento das plântulas e matéria seca

O crescimento das plântulas e a matéria seca foram avaliados para as sementes CVL-1 e 0-9897 recolhidas de diferentes fontes. O comprimento do rebento e o comprimento da raiz diferiram significativamente devido às diferentes fontes de sementes no caso da semente CVL-1 (Tabela 1.7). O maior comprimento de rebento (6,10 cm) foi encontrado no BJRI e o menor (5,08 cm) nos agricultores de Kishoregonj em CVL-1. Na juta CVL-1, o comprimento do rebento foi semelhante ao da BJRI, BADC, sementes dos agricultores de Manikgonj e sementes do mercado local (Quadro 1.7). No caso do comprimento da raiz, todas as fontes apresentaram resultados estatisticamente semelhantes, exceto as sementes dos agricultores de Manikgonj. O comprimento da raiz de 3,94 cm foi observado em CVL-1 de sementes de BJRI e o menor (2,90 cm) em sementes de agricultores de Mankigonj. As proporções raiz-raiz foram as mesmas nas sementes do BJRI e do BADC. No entanto, o maior rácio raiz-raiz foi encontrado nas sementes dos agricultores de Kishoregonj e o menor (0.53cm cm^{-1}) em Manikgonj. No entanto, este rácio foi de 18,46% nas sementes dos agricultores de Manikgonj e de 12,31% nas sementes dos agricultores de Kishoreganj e de 3,08% nas fontes de sementes do mercado local em comparação com as sementes da BJRI. O aumento ou diminuição da relação raiz/raiz em relação à BADC foi igual ao da semente da BJRI (quadro 1.7).

Tabela 1.7. Comprimento do rebento, comprimento da raiz, relação raiz-raiz e vigor da semente CVL-1 como afetado pelas fontes de semente

Treatments (Seed sources)	Shoot length (cm)	Root length (cm)	Root-shoot ratio	Increase/decrease of root-shoot ratio against	
				BJRI (%)	BADC (%)
BJRI	6.10	3.94a	0.65	-	-
BADC	5.70	3.72a	0.65	0	-
Farmer (Manikganj)	5.50	2.90b	0.53	-18.46	-18.46
Farmer (Kishoreganj)	5.08	3.72a	0.73	12.31	12.31
Local market	5.40	3.64a	0.67	3.08	3.08
Level of significance	NS	0.05	-	-	-

Numa coluna, os números com letra(s) comum(ns) não diferem significativamente entre si ao nível de 5% de probabilidade. NS= Não significativo.

No que respeita ao CVL-1, o peso seco do rebento das sementes BJRI e BADC foi semelhante. No entanto,

As sementes BJRI deram o maior peso seco de rebentos. Por outro lado, os agricultores de dois locais e as fontes de sementes do mercado local apresentaram peso seco de rebentos estatisticamente semelhante (Quadro 1.8). Em termos de peso seco da raiz, o maior foi observado na fonte BJRI, mas foi semelhante ao BADC. As sementes dos agricultores e do mercado local não apresentaram diferenças estatísticas no peso seco da raiz. O rácio raiz/parte aérea e o peso seco das plântulas não foram significativos devido às diferentes fontes de sementes (Quadro 1.8).

Tabela 1.8. Peso seco do rebento e da raiz, relação raiz-raiz e peso seco da plântula da semente CVL-1 em função das fontes de semente

Treatments (Seed sources)	Shoot dry wt. (mg)	Root dry wt. (mg)	Root-shoot Ratio	Seedling dry weight (mg)
BJRI	1.28a	0.34a	0.27	1.64a
BADC	1.27a	0.32a	0.25	1.58a
Farmer (Manikganj)	1.17b	0.28b	0.23	1.47b
Farmer (Kishoreganj)	1.18b	0.27b	0.23	1.46b
Local market	1.18b	0.28b	0.24	1.47b
Level of significance	0.01	0.01	-	0.05

Numa coluna, os números com letra(s) comum(ns) não diferem significativamente entre si ao nível de 1% e 5% de probabilidade.

Em 0-9897, o maior comprimento de rebento (4,90 cm) foi registado na semente BJRI, que foi semelhante à BADC (4,64 cm). O comprimento de rebento mais baixo (3,72 cm) foi registado nas sementes dos agricultores de Faridpur. As fontes BJRI e BADC tinham um comprimento de raiz semelhante, mas o mais alto (3,40 cm). Em contrapartida, o comprimento mais baixo da raiz (2,40 cm) foi registado nas sementes dos agricultores de Faridpur. O rácio raiz/parte aérea mais elevado (0,73%) foi observado nas sementes do BADC e o mais baixo (0,65%) nas sementes dos agricultores de Faridpur. O aumento ou diminuição do rácio raiz-raiz em relação às fontes BJRI mostrou um aumento de 5,8% no BADC e 4,35% nas sementes do mercado local. Embora se tenha observado um decréscimo de 1,45% nas sementes dos agricultores de Rangpur e de 5,80% nas sementes dos agricultores de Faridpur (Quadro 1.9). Verificou-se que os rácios diminuíram (10,96%) nas sementes dos agricultores de Faridpur, 6,85% nas sementes dos agricultores de Rangpur e 1,37% nas sementes do mercado local em relação às fontes do BADC (quadro 1.9).

Tabela 1.9. Comprimento do rebento, comprimento da raiz, relação raiz-raiz e índice de vigor da semente 0-9897 em função das fontes de semente

Treatments (Seed sources)	Shoot length (cm)	Root length (cm)	Root-shoot ratio	Increase/decrease of root-shoot ratio against	
				BJRI (%)	BADC (%)
BJRI	4.90a	3.40a	0.69	-	-
BADC	4.64ab	3.40a	0.73	5.80	-
Farmer (Faridpur)	3.72c	2.40b	0.65	-5.80	-10.96
Farmer (Rangpur)	3.82c	2.60b	0.68	-1.45	-6.85
Local market	3.88cb	2.80ab	0.72	4.35	-1.37
Level of significance	0.05	0.05	-	-	-

Numa coluna, os números com letra(s) comum(ns) não diferem significativamente entre si por DMRT a um nível de probabilidade de 5%.

Na juta 0-9897, o peso seco do rebento mais elevado (0,67 mg) foi obtido no BJRI, seguido da semente do BADC (0,64 mg). O peso mais baixo (0.51mg), pelo contrário, foi encontrado nas sementes dos agricultores de Faridpur. O peso seco da raiz mais elevado (0,26 mg) foi obtido em BJRI seguido de (0,24) em BADC.

O mais baixo (0,15mg) foi encontrado nas sementes dos agricultores de Rangpur. O rácio raiz-raiz foi mais elevado (0,39 mg^{-1}) no BJRI e o mais baixo (0,28 mg^{-1}) foi observado nas sementes dos agricultores de Rangpur. O rácio foi semelhante (0.35mg mg^{-1}) para as sementes dos agricultores de Faridpur juntamente com o mercado local (Quadro 1.10). O peso seco total das plântulas diferiu significativamente devido às diferentes fontes de sementes. Os pesos das plântulas de BJRI (0,94mg) e BARC (0,89mg) foram estatisticamente iguais e os mais altos do que os das fontes remotas. O peso seco mais baixo das plântulas (0,69 mg) foi, pelo contrário, observado nas sementes dos agricultores de Rangpur. Em termos de peso seco total das plântulas, os agricultores de dois locais e as fontes do mercado local foram estatisticamente semelhantes (Tabela 1.10).

Delouche e Baskin (1973) referiram que a perda do potencial de armazenamento era uma das consequências específicas da deterioração das sementes, que diminuía a taxa de germinação e aumentava a incidência de anomalias nas plântulas. Anon. (1999) relatou o teste de avaliação de plântulas para o teste de vigor de sementes de juta e mostrou que o vigor das plântulas acima de 65% era alto, 55%-64% médio, 45%-54% baixo e abaixo de 45% pobre (não recomendado para uso como semente).

Tabela 1.10. Peso seco do rebento e da raiz, relação raiz-raiz e peso seco das plântulas de 0-9897 afectados pelas fontes de sementes

Treatments (Seed sources)	Shoot dry wt. (mg)	Root dry wt. (mg)	Root- shoot ratio	Seedling dry weight (mg)
BJRI	0.67a	0.26a	0.39	0.94a
BADC	0.64a	0.24a	0.38	0.89a
Farmer (Faridpur)	0.51b	0.18bc	0.35	0.71b
Farmer (Rangpur)	0.53b	0.15c	0.28	0.69b
Local market	0.54b	0.19b	0.35	0.74b
Level of significance	0.01	0.01	-	0.01

Numa coluna, os números com letra(s) comum(ns) não diferem significativamente entre si por DMRT a um nível de probabilidade de 1%.

No CVL-1, foram observadas correlações positivas entre o comprimento do rebento e o comprimento da raiz, o peso seco do rebento e o peso seco da raiz, o comprimento do rebento e o peso seco do rebento e o comprimento da raiz e o peso seco da raiz (Fig. 4.5, Fig. 4.6, Fig. 4.7 e Fig. 4.8). Entre as correlações, foram encontradas relações estatisticamente significativas para o peso seco do rebento e o peso seco da raiz, e para o comprimento do rebento e o peso seco do rebento. A relação entre o comprimento da raiz e do rebento; e o comprimento da raiz e o peso seco da raiz não foram significativos.

Em O-9897, a relação entre o comprimento do rebento e o comprimento da raiz, o peso seco do rebento e o peso seco da raiz, o comprimento do rebento e o peso seco do rebento; e o comprimento da raiz e o peso seco da raiz foram significativos e positivos (Fig. 4.9, Fig. 4.10, Fig. 4.11 e Fig. 4.12).

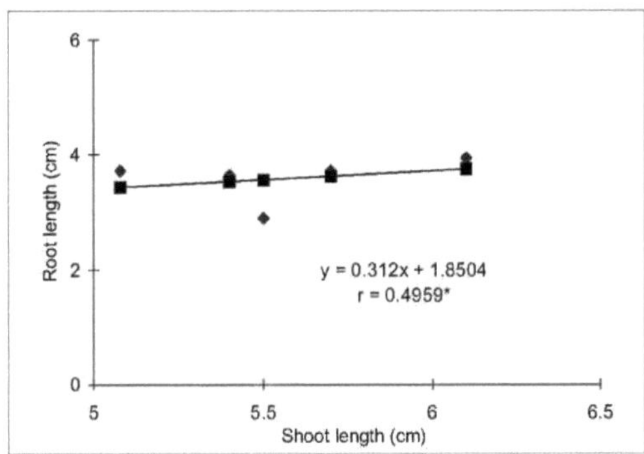

Fig. 4.5. Relação entre o comprimento do estolho e o comprimento da raiz da semente CVL-1 como afetado pelas fontes de semente

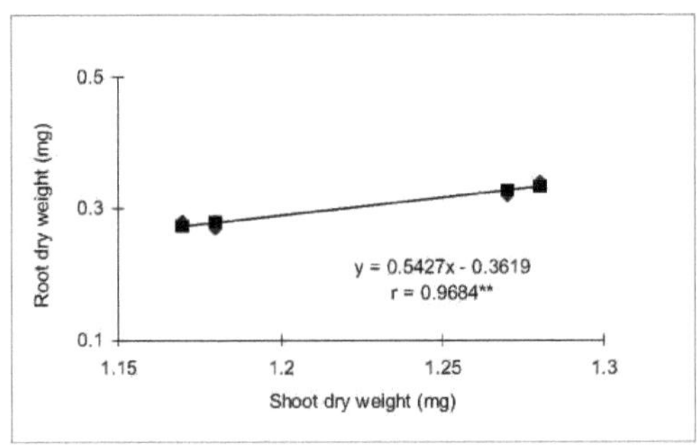

Fig. 4.6. Relação entre o peso seco do rebento e o peso seco da raiz da semente CVL-1 como afetado pelas fontes de sementes

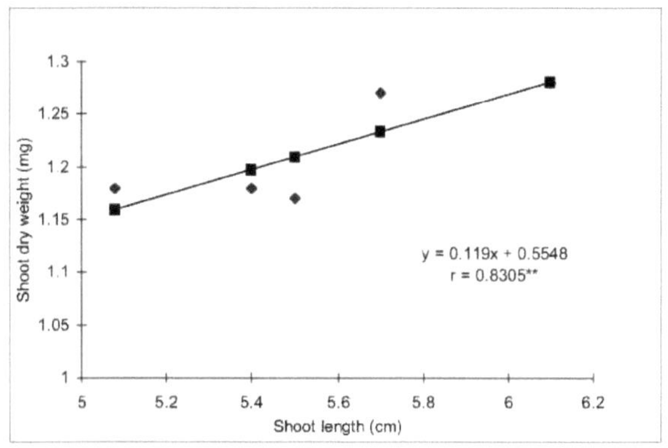

Fig. 4.7. Relação entre o comprimento do rebento e o peso seco do rebento da semente CVL-1 como afetado pelas fontes de semente

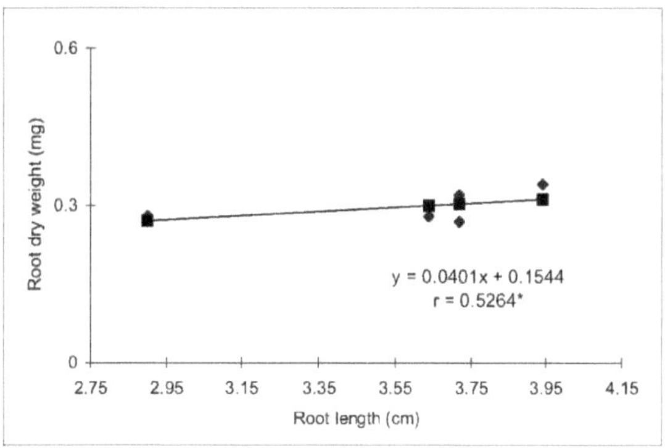

Fig. 4.8. Relação entre o comprimento da raiz e o peso seco da raiz da semente CVL-1 como afetado pelas fontes de sementes

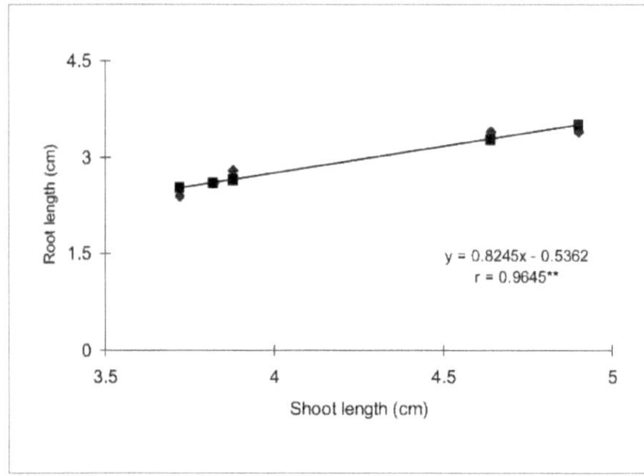

Fig. 4.9. Relação entre o comprimento do rebento e o comprimento da raiz da semente 0-9897 como afetado pelas fontes de semente

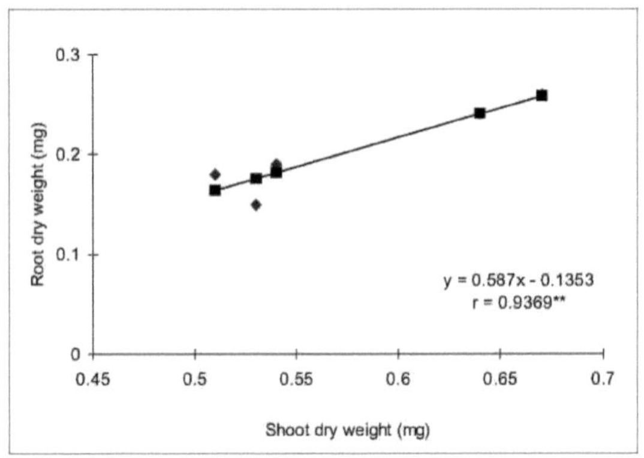

Fig. 4.10. Relação entre o peso seco do estolho e o peso seco da raiz da semente 0-9897 em função das fontes de semente

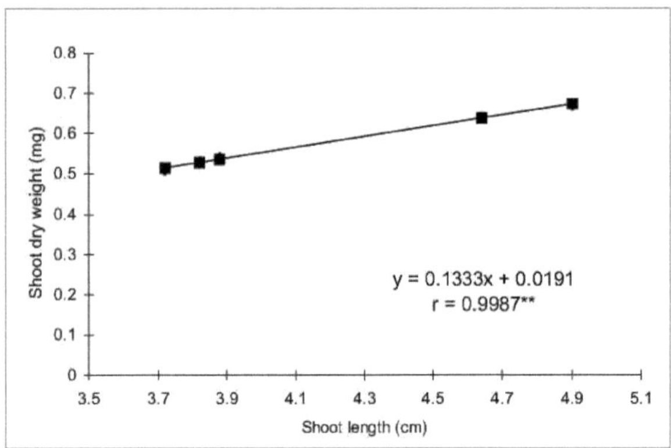

Fig. 4.11. Relação entre o comprimento do estolho e o peso seco do rebento da semente 0-9897 como afetado pelas fontes de semente

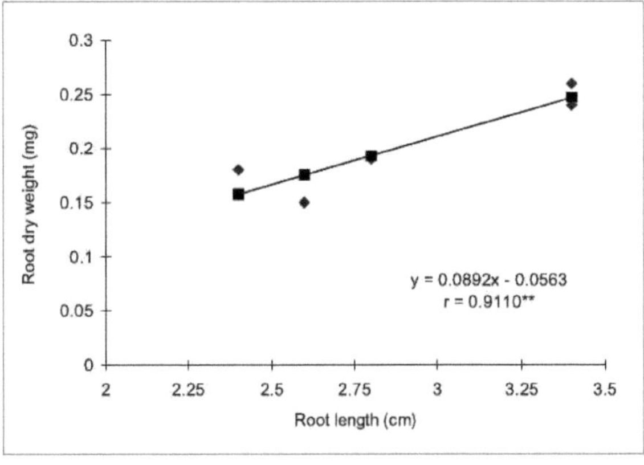

Fig. 4.12. Relação entre o comprimento da raiz e o peso seco da raiz da semente 0-9897 como afetado pelas fontes de semente

No presente estudo, CVL-1 mostrou melhor e maior crescimento de plântulas e peso seco de plântulas do que 0-9897. As plântulas de sementes grandes de *C. capsularis* L. (var. D-154) tinham muito mais vigor do que as sementes pequenas e enrugadas. Isso pode ter contribuído para o maior tamanho das sementes e maior matéria seca das plântulas (DM), como também relatado por Talukder e Ali (1977).

As diferenças no comprimento da raiz das diferentes fontes também foram notáveis. Variou de 2,09 cm dos agricultores a 3,94 cm do BJRI no CVL-1 e de 2,4 cm dos agricultores a 3,4 cm do BJRI no caso do 0-9897. No entanto, o peso seco da raiz e o peso seco do rebento contribuíram ao máximo para o crescimento das plântulas das diferentes fontes e registaram o maior comprimento do rebento e da raiz na CVL-1 em comparação com a 0-9897 das sementes dos agricultores.

4.1.7 Presença de agentes patogénicos

A presença de agentes patogénicos nas fontes de sementes dos agricultores foi maior em ambas as espécies de juta (Quadro 1.3 e Quadro 1.4). A semente BJRI não apresentou qualquer agente patogénico nas sementes CVL-1 e 09897. A fonte de sementes BADC de 0-9897 mostrou apenas *Macrophomina phaseolina* e *Botrydiploidia theobromae* (Quadro 1.4), enquanto apenas se observou um saprófito em quantidade vestigial (0,40%) na fonte BADC para as sementes CVL-1. *Botrydiploidia theobromae* estava ausente em todas as fontes de sementes de CVL-1, embora uma quantidade maior estivesse presente em todas as fontes de sementes, exceto BJRI para 0-9897 (Tabela 1.4). A maior quantidade de *Macrophomina phasiolina* estava presente nas fontes de sementes dos agricultores e do mercado local da CVL-1 (Quadro 1.3), enquanto era menor na 0-9897 (Quadro 1.4). *Colletotrichum corchori estava presente nas fontes de* sementes dos agricultores e do mercado local na CVL-1, embora fosse o mais alto (7,6%) nas sementes dos agricultores de Manikgonj. A percentagem mais baixa (0,99%) de *Colletotrichum corchori* estava presente nas sementes 0-9897 do mercado local e 1,24% nas sementes dos agricultores de Faridpur (quadro 1.4). Os saprófitos eram mais numerosos nas sementes 0-9897. O mais elevado (15,40%) apareceu nas sementes dos agricultores de Rangpur e o mais baixo (7%) nas sementes 0-9897 do mercado local (quadro 4). Por outro lado, 0,4% de saprófitas foram observadas em sementes de BADC para CVL-1. A maior quantidade (7,8%) apareceu nas sementes de Kishoregonj (Tabela 1.3). Para ambas as espécies, as fontes de sementes diferiram significativamente quanto à presença de agentes patogénicos (Quadro 1.3 e 1.4).

Os agentes patogénicos invadiram as sementes no campo durante o desenvolvimento da semente, enquanto o aço nos frutos, para além do processamento na eira. No entanto, estes agentes patogénicos podem ser destruídos se forem bem secos ao sol (Khandakar e Bradbeer, 1983). Uma secagem fraca antes do armazenamento (Apêndice 18) pode fazer com que os agentes patogénicos invadam as sementes dos agricultores. Khandakar (1983) observou uma percentagem muito insignificante destes agentes patogénicos nas zonas de cultivo de sementes de juta de Baiderbazar (Narayanganj) e Kalampur (Manikgonj). Sultana e Biswas (1992) estudaram a percentagem de infeção e a viabilidade das sementes de vagens sãs e doentes de plantas de juta afectadas pela podridão do caule e pela antracnose, bem como de plantas de D-154 isentas de doenças. Observaram uma germinação abaixo da norma do National Seed Board, Bangladesh, nas vagens doentes. Além disso, as sementes de vagens sãs, tanto de plantas sãs como de plantas doentes, deram 98% e 95% de germinação, respetivamente. Khandakar (1994) afirmou que a maioria dos agentes patogénicos fúngicos e um bom número de saprófitas das culturas de fibras liberianas são transmitidos por sementes. As sementes infectadas são a principal fonte de doenças transmitidas por sementes. A percentagem mais elevada de infecções por *Macrophomina* (51%), *Botrydiploidia* (79%) e *Colletotrichum* (66%) foi observada em Dhabdhabey (JAES) com CVE-3 e CVL-1 (Chandina), embora tenham sido encontradas sementes infectadas por *Macrophomina* e *Colletotrichum* acima de 15%, não sendo recomendadas para sementeira. Hossain *et al.* (1994) efectuaram um estudo em seis zonas diferentes de cultivo de juta no Bangladesh. Com as amostras de sementes de todos os locais de estudo, a ocorrência de fungos patogénicos, principalmente *M. phaseolina, B. theobromae* e *C. corchori,* que causam o apodrecimento do caule, a banda negra e a praga das plântulas, respetivamente, foi frequentemente encontrada a uma taxa total de 2,33 a 6,47 por cento. Além disso, os fungos saprófitas foram observados numa proporção de 0,64 a 32,55 por cento. As sementes de Chandina e Kishoregonj (zona de cultivo de juta deshi) continham enormes saprófitas e as de Jessore, Faridpur e Manikgonj (zonas de cultivo de sementes de Tossa e juta deshi, respetivamente) também continham saprófitas a uma taxa prejudicial. Também se registou uma percentagem mais elevada de agentes patogénicos (superior a 6%) nas amostras de sementes colhidas em Manikgonj, Kishoregonj e Chandina (zona de cultivo de juta Deshi) e, em contrapartida, uma taxa inferior (2,33-3,70%) em Faridpur, Rangpur e Jessore.

4.2(a) Experiência 2.1 Efeito das fontes de sementes CVL-1 na emergência em condições de estufa e de campo

A emergência de plântulas e a percentagem de sobrevivência das fontes de sementes CVL-1 foram avaliadas em condições de estufa e de campo durante 2002 e 2003. A emergência foi contada no dia 4th em casa de vegetação e no dia 5th no campo para CVL-1. As percentagens de emergência e de sobrevivência no campo das fontes de sementes diferiram significativamente em ambos os anos. A maior emergência, 70,60%, e a maior sobrevivência, 63,80%, foram registadas em condições de estufa em 2002 e, em 2003, as percentagens foram 68,00% e 62,40%, respetivamente, com sementes BJRI (Quadro 2.1.1). O desempenho das sementes BADC para este efeito foi semelhante ao das sementes BJRI, exceto em condições de campo. A emergência foi de 60%, o que diferiu significativamente das sementes BJRI durante o ano de 2003. Em ambos os anos, os agricultores e as fontes de sementes do mercado local mostraram menor emergência e capacidade de sobrevivência do que as fontes BJRI e BADC. Em 2002, as sementes dos agricultores de Manikgonj registaram a menor emergência, 48,20 e 41,60%, respetivamente, em condições de estufa e de campo. Em 2003, a emergência e a capacidade de sobrevivência no campo foram quase semelhantes aos resultados registados em 2002 (quadro 2.1.1.).

A capacidade de sobrevivência significa a primeira fase do estande da planta no campo. Após a emergência nos dias 4th e 5th , todas as plântulas não sobreviveram. Foi detectada a morte de plântulas de 4 a 8 dias em casa de vegetação e de 5 a 10 dias em condições de campo. Aos 8th e 10th dias em casa de vegetação e em condições de campo, as percentagens de sobrevivência apresentavam o stand da planta na primeira fase. As percentagens de sobrevivência foram calculadas aos 8th dias em casa de vegetação e aos 10th dias em condições de campo, registadas em dois anos (2002 e 2003). Entre as fontes de sementes estudadas, foi observada uma maior capacidade de sobrevivência nas sementes do BJRI e do BADC, enquanto que nas sementes dos agricultores e do mercado local foi menor. A percentagem de sobrevivência em condições de campo no dia 10th foi a mais elevada (61,40) nas sementes do BJRI em 2003. As fontes de sementes do BADC obtiveram o resultado seguinte (54,80) a este respeito. As sementes dos agricultores de Manikgonj e Kishoregonj eram estatisticamente iguais. Em 2002, a taxa de sobrevivência mais baixa foi de 41,60% nas sementes dos agricultores de Manikgonj, em estufa, e de 37,00% em condições de campo, e de 41% nas sementes dos agricultores de

Kishoregonj em condições de estufa e 39,20% no campo durante 2003 (quadro 2.1.1.).

Em 2002, a maior emergência relativa de campo (0,79) foi observada em condições de casa de vegetação e 0,72 em condições de campo para a fonte de sementes BJRI. As sementes do BADC e do BJRI foram quase semelhantes a este efeito nos anos 2002 e 2003. As sementes dos agricultores de Manikgonj e Kishorgonj apresentaram uma menor emergência relativa no campo. No entanto, as sementes do mercado local foram ligeiramente melhores do que as sementes dos agricultores. Em 2002, as sementes dos agricultores de Manikgonj apresentaram os valores mais baixos de 0,60 e 0,51 de emergência relativa, em condições de estufa e de campo, respetivamente. Em 2003, os valores mais baixos foram de 0,59 e 0,53, em casa de vegetação e no campo, para as sementes dos agricultores de Manikganj e Kishorganj (quadro 2.1.2).

Tabela 1.1.1. Percentagem de emergência e de sobrevivência das sementes CVL-1 em condições de estufa e de campo em função das fontes de sementes

| Treatment (Seed sources) | Emergence (%) | | | | Survivability (%) | | | |
| | Year 2002 | | Year 2003 | | Year 2002 | | Year 2003 | |
	Green house (At 4th day)	Field (At 5th day)	Green house (At 4th day)	Field (At 5th day)	Green house (At 8th day)	Field (At 10th day)	Green house (At 8th day)	Field (At 10th day)
BJRI	70.60a (8.43)	64.50a (8.07)	68.00a (8.28)	66.80a (8.20)	63.80a (8.02)	58.60a (7.68)	62.40a (7.93)	61.40a (7.86)
BADC	66.20a (8.17)	62.60a (7.94)	65.20a (8.12)	60.00b (7.78)	60.00a (7.78)	57.40a (7.60)	58.20a (7.66)	54.80b (7.43)
Farmer (Manikganj)	48.20c (6.98)	41.60d (6.49)	47.80c (6.95)	43.00e (6.59)	41.60d (6.49)	37.00c (6.12)	43.20b (6.60)	39.20d (6.29)
Farmer (Kishoreganj)	51.40c (7.20)	46.20c (6.83)	50.20c (7.12)	45.40d (6.77)	45.80c (6.80)	40.40c (6.39)	41.00b (6.44)	41.20d (6.45)
Local market	59.00b (7.71)	50.80b (7.16)	58.40b (7.67)	53.40c (7.34)	53.40b (7.34)	46.60b (6.86)	45.60b (6.85)	48.40c (6.99)
Level of significance	0.01	0.01	0.01	0.01	0.01	0.01	0.01	0.01

Numa coluna, os números com letra(s) comum(ns) não diferem significativamente entre si por DMRT a um nível de probabilidade de 1%. Os dados entre parêntesis são transformados em raiz quadrada.

Tabela 1.1.2. Emergência relativa à germinação em condições de casa de vegetação e de campo de sementes CVL-1 afectadas pelas fontes de sementes

Treatment (Seed sources)	Year 2002		Year 2003	
	Green house (At 4th day)	Field (At 5th day)	Green house (At 4th day)	Field (At 5th day)
BJRI	0.79	0.72	0.76	0.75
BADC	0.76	0.72	0.75	0.69
Farmer (Manikganj)	0.60	0.51	0.59	0.53
Farmer (Kishoreganj)	0.60	0.54	0.59	0.53
Local market	0.72	0.62	0.71	0.65

O peso seco das plântulas e o comprimento dos rebentos de CVL-1 em estufa diferiram significativamente devido às fontes de sementes. No entanto, o comprimento da raiz não diferiu significativamente devido às fontes de sementes durante 2002 (Tabela 2.1.3). O maior peso seco de plântula (67,72 mg) apareceu na semente BJRf, que foi estatisticamente indiferente às sementes BADC (65,44 mg). O peso seco mais baixo das plântulas (37,13 mg) foi registado nas sementes dos agricultores de Manikgonj em 2002. O maior comprimento de rebento foi encontrado (8,42 cm) na semente BJRf, que foi semelhante ao BADC (8,10 cm). Em contrapartida, o comprimento mais baixo dos rebentos (6,54 cm) foi observado nas sementes dos agricultores de Manikgonj, semelhante às sementes dos agricultores de Kishoreganj (6,90 cm) e às sementes do mercado (6,98 cm). A relação raiz/parte aérea foi a mais alta na semente dos agricultores de Manikgonj (0,52) e foi a menor nas sementes BJRf e BADC (0,43) (Quadro 2.1.3).

Durante o ano de 2003, o peso seco e o comprimento dos rebentos da CVL-1 diferiram significativamente devido às fontes de sementes. No entanto, o comprimento da raiz não foi significativamente afetado em condições de estufa (Quadro 2.1.3). O maior peso seco de plântulas (69,64 mg) foi obtido com sementes de BJRf. O peso seco de plântula mais baixo (38,14 mg), ao contrário, foi observado nas sementes dos agricultores de Manikganj. Para o peso seco das plântulas, as sementes dos agricultores dos dois locais e as sementes do mercado apresentaram peso seco estatisticamente idêntico. No entanto, as sementes do BADC tiveram o segundo maior peso (63,80 mg). O comprimento do rebento foi o mais elevado (8,20 cm) com as sementes BJRf, que foi mais uma vez semelhante às sementes BADC (7,70 cm). No entanto, o comprimento do rebento da semente BADC foi semelhante ao da semente dos agricultores de Kishoregonj (6,70 cm). O comprimento de rebento mais baixo, de 6,38 cm, apareceu nas sementes dos agricultores de Manikgonj, que eram semelhantes às sementes dos agricultores de Kshoregonj (6,70 cm) e às sementes do mercado (6,58 cm) (quadro 24). O rácio raiz/parte aérea foi o mais alto nas sementes dos agricultores de Manikgonj (0.60) e o mais baixo (0.46) nas sementes do BADC, que foi muito próximo das sementes do BJRI (0.47 cm cm^{-1}) (Quadro 2.1.3).

Tabela 1.1.3. Desempenho das plântulas de sementes CVL-1 em condições de estufa, afetado pelas fontes de sementes durante 2002 e 2003

Treatment (Seed sources)	Green house study			
	Seedling dry weight (mg)	Shoot length (cm)	Root length (cm)	Root-shoot ratio
Year 2002				
BJRI	67.72a	8.42a	3.66	0.43
BADC	65.44a	8.10a	3.50	0.43
Farmer (Manikganj)	37.13c	6.54b	3.42	0.52
Farmer (Kishoreganj)	40.30c	6.90b	3.58	0.51
Local market	44.72b	6.98b	3.38	0.48
Level of significance	0.01	0.05	NS	-
Year 2003				
BJRI	69.64a	8.20a	3.82	0.47
BADC	63.80b	7.70ab	3.56	0.46
Farmer (Manikganj)	38.14c	6.38c	3.82	0.60
Farmer (Kishoreganj)	38.32c	6.70bc	3.80	0.57
Local market	43.09c	6.58c	3.68	0.56
Level of significance	0.01	0.01	NS	-

Numa coluna, os números com letra(s) comum(ns) não diferem significativamente entre si ao nível de 1% de probabilidade. NS= Não significativo.

Em condições de campo, o peso seco da plântula, o comprimento do rebento e o comprimento da raiz de CVL-1 variaram significativamente devido às fontes de sementes durante 2002. O maior peso seco de plântula foi observado (62.78 mg) na semente BJRI, foi similar com BADC (61.31mg) e o segundo maior na semente de mercado (41.19 mg) (Tabela 2.1.4). Em contrapartida, o peso mais baixo (36,39 mg) foi observado nas sementes dos agricultores de Kishoregonj, que foi semelhante ao das sementes dos agricultores de Manikgonj (37,35 mg). O maior comprimento de rebento (7,00 cm) foi observado nas sementes de BJRI e foi semelhante ao de BADC (6,84 cm), mercado local (6,92 cm) e sementes de agricultores de Kishoreganj (6,65 cm). O comprimento mais baixo do rebento (6,50 cm), em contraste, foi registado nas sementes dos agricultores de Manikgonj (Quadro 2.1.4). O maior comprimento de raiz (3,20 cm) também foi observado na semente de BJRI, foi estatisticamente igual à semente de BADC (3,04 cm), semente de agricultores de Kishoregonj (3,14 cm) e semente de mercado (3,12 cm) em condições de campo durante 2002. O comprimento mais baixo (3,00 cm) foi observado nas sementes dos agricultores de Manikgonj. Em 2002, em condições de campo, o rácio de enraizamento mais elevado (0,47) foi observado nas sementes dos agricultores de Kishoregonj, seguido das sementes dos agricultores de Manikgonj, sementes do BJRI, sementes do mercado local e sementes do BADC (quadro 2.1.4).

Durante 2003, sob condições de campo, o peso seco da plântula, o comprimento do rebento e o comprimento da raiz variaram significativamente devido às fontes de sementes da CVL-1 (Tabela 2.1.4). O maior peso seco de plântulas (61,99 mg) foi encontrado na semente BJRI, seguido pela semente BADC (59,39 mg). O peso seco mais baixo das plântulas (38,28 mg) foi observado nas sementes dos agricultores de Manikganj, que foi semelhante às sementes dos agricultores de Kishoreganj (38,62 mg). O comprimento do rebento foi o mais alto (6,78 cm) na semente BJRI, que foi semelhante à semente BADC (6,60 cm). O comprimento de rebento mais baixo (5,62 cm) observado nas sementes dos agricultores de Kishoregonj foi estatisticamente semelhante ao das sementes dos agricultores de Manikgonj (5,66 cm) e das sementes do mercado (5,74 cm) (quadro 2.1.4). O maior comprimento de raiz (3,26 cm) foi mais uma vez observado na semente BJRI. O comprimento foi estatisticamente igual ao do BADC (3,14 cm) e das sementes dos agricultores de Manikganj (3,08 cm) em condições de campo em 2003. O menor comprimento de raiz (2,84 cm) foi observado nas sementes do mercado local. O rácio raiz/rabo foi o mais elevado nas sementes dos agricultores de Manikgonj (0,54), seguido das sementes dos agricultores de Kishoregonj (0,51). Em contraste, o rácio foi o mais baixo (0,48) nas sementes BJRI e BADC em condições de campo durante 2003 (quadro 2.1.4).

Tabela 1.1.4.Desempenho das plântulas de sementes CVL-1 em condições de campo, afetado pelas fontes de sementes em 2002 e 2003

Treatment (Seed sources)	Field study			
	Seedling dry weight (mg)	Shoot length (cm)	Root length (cm)	Root-shoot ratio
Year 2002				
BJRI	62.78a	7.00	3.20	0.46
BADC	61.31a	6.84	3.04	0.44
Farmer (Manikganj)	37.35c	6.50	3.00	0.46
Farmer (Kishoreganj)	36.39c	6.65	3.14	0.47
Local market	41.19b	6.92	3.12	0.45
Level of significance	0.01	NS	NS	-
Year 2003				
BJRI	61.99a	6.78a	3.26	0.48
BADC	59.39b	6.60a	3.14	0.48
Farmer (Manikganj)	38.28d	5.66b	3.08	0.54
Farmer (Kishoreganj)	38.62d	5.62b	2.88	0.51
Local market	43.35c	5.74b	2.84	0.49
Level of significance	0.01	0.01	NS	-

Numa coluna, os números com letra(s) comum(ns) não diferem significativamente entre si ao nível de 1% de probabilidade. NS=Não significativo.

4.2 (b) Experiência 2.2 Efeito das fontes de sementes 0-9897 na emergência em condições de estufa e de campo

A emergência foi contada no dia 4th em casa de vegetação e no dia 5th no campo de 0-9897. A emergência no campo e a percentagem de sobrevivência das fontes de sementes 0-9897 foram registadas em condições de estufa e de campo durante 2002 e 2003. As percentagens de emergência no campo e de sobrevivência das fontes de sementes diferiram significativamente em ambos os anos. As percentagens mais elevadas de emergência no campo (68,20%) e de sobrevivência (62,20%) foram registadas em condições de estufa em 2002. Em 2003, as percentagens foram de 67,40% e 60,60%, respetivamente, nas sementes BJRI (Quadro 2.2.1). As sementes BADC mostraram-se estatisticamente semelhantes às sementes BJRI, exceto a emergência em casa de vegetação durante 2002. A emergência foi de 64,40% e diferiu significativamente das sementes BJRI. A menor emergência (45%) foi observada nas sementes dos agricultores de Faridpur em casa de vegetação em 2002 e 47,20% no campo em 2003. A emergência das sementes de Faridpur foi estatisticamente semelhante à das sementes dos agricultores de Rangpur (51,20%). Em condições de campo, a emergência foi a mais alta na semente de BJRI (62,80%) em 2002 e 63,80% em 2003 (Tabela 2.2.1). A emergência mais baixa foi observada nas sementes dos agricultores de Faridpur, 40,80% em 2002 e 42,40% em 2003, em condições de campo. A emergência em condições de campo das sementes de BJRI e BADC diferiu significativamente (quadro 2.2.1).

A capacidade de sobrevivência significa a primeira fase do estande da planta no campo. Após a emergência no dia 4th a 5th todas as plântulas não sobreviveram. Após a morte de alguma percentagem de plântulas de 0-9897 de 4 a 8 dias em estufa e de 5 a 10 dias em condições de campo, foram detectadas. Aos 8th dias em casa de vegetação e aos 10th dias no campo, as percentagens de plântulas sobreviventes foram apresentadas como percentagem de sobrevivência ou estande de plantas no primeiro estágio ou estágio de plântula. Os estágios de sobrevivência foram calculados aos 8th dias em casa de vegetação e aos 10th dias em condições de campo e foram repetidos por dois anos (2002 e 2003). Entre as fontes de sementes estudadas, foi encontrada uma maior capacidade de sobrevivência nas sementes BJRI e BADC, exceto em 2002 no campo (Quadro 2.2.1). A maior capacidade de sobrevivência de 62,20% em casa de vegetação, 57,80% no campo durante 2002 e 60,60% em casa de vegetação, 59,00% no campo foi observada nas sementes BJRI. A sobrevivência mais baixa, de 39,40% em estufa, 36,60% no campo em 2002 e 39,60% em estufa, 37,40% no campo em 2003, foi registada nas sementes dos agricultores de Faridpur. A capacidade de sobrevivência das sementes dos agricultores de Faridpur e Rangpur variou significativamente, exceto em estufa, em 2003 (quadro 2.2.1).

Em 2002, a maior emergência relativa no campo, de 0,72 em casa de vegetação e 0,66 no campo, foi calculada a partir da fonte de sementes BJRI da variedade 0-9897. Em 2003, foi de 0,71 em casa de vegetação e 0,67 no campo. A emergência relativa de campo calculada a partir do BADC foi muito próxima da semente BJRI (0,70 em casa de vegetação e 0,65 no campo em 2002 e 0,68 em casa de vegetação e 0,67 no campo em 2003, respetivamente). A emergência relativa de campo da BJRI e da BADC foi semelhante (0,67) durante 2003 em condições de campo. Observou-se uma menor emergência relativa no campo nas sementes dos agricultores de Faridpur (0,55 em estufa e 0,50 no campo em 2002 e 0,58 em estufa e 0,52 no campo em 2003, respetivamente). No entanto, as sementes do mercado tiveram uma emergência relativa no campo ligeiramente melhor do que as sementes dos agricultores. Em 2003, em casa de vegetação, a emergência relativa de campo das sementes BADC (0,68) foi semelhante à das sementes de mercado (Quadro 2.2.2).

Islam (1996) referiu que a germinação de sementes de juta após 48 horas era um bom indicador do vigor e que a germinação em laboratório era 15%-20% superior à emergência no campo. Fernandez e Johnston (1995) referiram que os testes de germinação e de emergência de plântulas foram avaliados em sementes de lentilha (*Lens cuUnaris*), feijão (*Phaseolus valgaris*) e grão-de-bico (*Cicer arietinum*) como indicadores do vigor das sementes primárias. Os testes de emergência foram efectuados no solo em condições de estufa. Não foi observada uma relação clara entre os índices de germinação e de velocidade de emergência entre as espécies. Egli e Tekrony (1995) relataram que os lotes de sementes estudados tinham níveis comercialmente aceitáveis (>80%) para a germinação padrão, apenas alguns estavam abaixo de 80%. A germinação por envelhecimento acelerado foi menor e mais variável entre os lotes de sementes. O resultado do teste de frio foi menor do que o do envelhecimento acelerado e também teve uma grande variação dentro de cada ano. A emergência média indicou uma grande variedade de condições de sementeira. A germinação padrão foi significativamente correlacionada com a emergência no campo, no entanto, a exatidão da previsão (Proporção de lotes de sementes em cada teste com um determinado nível de qualidade crítica que teve >80% de emergência no campo) variou de 0% a 100%. Nenhum teste previu com precisão o desempenho quando o índice de emergência no campo foi <80. O resultado indicou o plantio de sementes de soja com envelhecimento acelerado >80% ou germinação padrão >95%, para garantir um desempenho adequado em muitos ambientes de campo.

Quadro 2.2.1 Percentagem de emergência e de sobrevivência de sementes 0-9897 em condições de estufa e de campo, em função das fontes de sementes

Treatment (Seed sources)	Emergence (%)				Survivability (%)			
	Year 2002		Year 2003		Year 2002		Year 2003	
	Green house (At 4th day)	Field (At 5th day)	Green house (At 4th day)	Field (At 5th day)	Green house (At 8th day)	Field (At 10th day)	Green house (At 8th day)	Field (At 10th day)
BJRI	68.20a (8.29)	62.80a (7.95)	67.40a (8.24)	63.80a (8.02)	62.20a (7.92)	57.80a (7.63)	60.60a (7.82)	59.00a (7.71)
BADC	64.40b (8.06)	59.40b (7.74)	63.00a (7.96)	61.40a (7.87)	59.40a (7.74)	54.40b (7.40)	56.00a (7.52)	56.60a (7.56)
Farmer (Faridpur)	45.00e (6.74)	40.80e (6.42)	47.20c (6.90)	42.40d (6.54)	39.40d (6.31)	36.60d (6.09)	39.60c (6.32)	37.40d (6.14)
Farmer (Rangpur)	52.40d (7.27)	46.80d (6.88)	51.20c (7.19)	47.20c (6.91)	45.60c (6.79)	41.40c (6.47)	42.60c (6.56)	41.40c (6.47)
Local market	57.60c (7.62)	50.40c (7.13)	56.40b (7.54)	56.20b (7.53)	51.40b (7.20)	44.00c (6.67)	48.60b (7.00)	50.80b (7.16)
Level of significance	0.01	0.01	0.01	0.01	0.01	0.01	0.01	0.01

Numa coluna, os números com letra(s) comum(ns) não diferem significativamente entre si por DMRT ao nível de 1% de probabilidade. Os dados entre parêntesis são transformados em raiz quadrada.

Tabela 2.2.2. Emergência relativa de sementes 0-9897 em condições de casa de vegetação e de campo em função das fontes de sementes

Treatment (Seed sources)	Year 2002		Year 2003	
	Green house (At 4th day)	Field (At 5th day)	Green house (At 4th day)	Field (At 5th day)
BJRI	0.72	0.66	0.71	0.67
BADC	0.70	0.65	0.68	0.67
Farmer (Faridpur)	0.55	0.50	0.58	0.52
Farmer (Rangpur)	0.62	0.56	0.61	0.56
Local market	0.69	0.61	0.68	0.68

Em casa de vegetação, o peso seco das plântulas, o comprimento dos rebentos e o comprimento das raízes de 0-9897 diferiram significativamente devido às fontes de sementes durante 2002 (Quadro 2.2.3). O peso seco de plântula mais alto (45,35 mg) foi encontrado na semente BJRI, foi semelhante ao BADC (44,40 mg). O peso seco mais baixo das plântulas (37,09 mg) foi observado nas sementes dos agricultores de Faridpur em 2002. Os pesos secos de plântulas estatisticamente semelhantes foram observados nas sementes dos agricultores de Faridpur e de Rangpur. O comprimento do rebento (4,30 cm) foi o mais alto na semente BJRI, foi semelhante ao BADC (4,16 cm). Também se observou que o comprimento do rebento da semente BADC era estatisticamente igual ao das sementes do mercado (3,90 cm). O comprimento de rebento mais baixo (3,66 cm) apareceu nas sementes dos agricultores de Rangpur, foi semelhante ao das sementes dos agricultores de Faridpur (3,76 cm) e das sementes do mercado (3,90 cm) (Quadro 2.2.3). O maior comprimento de raiz (3,50 cm) observado nas sementes dos agricultores de Rangpur foi estatisticamente idêntico ao das sementes do BJRI (3,30 cm). O comprimento de raiz mais baixo (3,04 cm) foi encontrado em sementes de mercado, foi semelhante a todas as outras fontes de sementes. O rácio raiz-raiz (0,96) foi o mais elevado nas sementes dos agricultores de Rangpur e foi o mais baixo no BJRI (0,77). Em termos de razão raiz-raiz, as sementes BJRI e BADC tiveram valores muito próximos (0,77 e 0,78, respetivamente) (Tabela 2.2.3).

Quadro 2.2.3 Desempenho das plântulas de sementes 0-9897 em condições de estufa, afetado pelas fontes de sementes em 2002 e 2003

Treatment (Seed sources)	Green house study			
	Seedling dry weight (mg)	Shoot length (cm)	Root length (cm)	Root-shoot ratio
Year 2002				
BJRI	45.35a	4.30a	3.30ab	0.77
BADC	44.40a	4.16ab	3.20b	0.78
Farmer (Faridpur)	37.09c	3.76c	3.18b	0.85
Farmer (Rangpur)	38.00c	3.66c	3.50a	0.96
Local market	39.70b	3.90bc	3.04b	0.78
Level of significance	0.01	0.01	0.05	-
Year 2003				
BJRI	44.05a	4.60a	3.34	0.73
BADC	42.65a	4.18b	3.22	0.77
Farmer (Faridpur)	37.09b	3.80c	3.24	0.85
Farmer (Rangpur)	36.91b	3.62c	3.28	0.91
Local market	39.06b	3.78c	3.00	0.79
Level of significance	0.01	0.01	NS	-

Numa coluna, os números com letra(s) comum(ns) não diferem significativamente entre si ao nível de 1% de probabilidade. NS=Não significativo.

Durante 2003, o peso seco das plântulas e o comprimento dos rebentos de 0-9897 diferiram significativamente devido às fontes de sementes. No entanto, o comprimento da raiz foi indiferente em casa de vegetação (Tabela 2.2.3). O maior peso seco de plântulas (44,05 mg) foi encontrado na semente BJRI, foi estatisticamente idêntico à semente BADC (42,65 mg). O menor peso seco de plântulas (36,91 mg) foi observado nas sementes dos agricultores de Rangpur. O peso seco das plântulas das sementes dos agricultores de Faridpur e Rangpur; e as sementes do mercado tinham pesos quase semelhantes (37,09 mg, 36,91 mg e 39,06 mg, respetivamente). O maior comprimento de rebento (4,60 cm) foi encontrado nas sementes BJRI. No entanto, o comprimento do rebento (4,18 cm) foi o seguinte mais elevado na semente BADC e seguido pela semente dos agricultores de Faridpur (3,80 cm), Rangpur (3,62 cm) e mercado (3,78 cm). Em contraste, o comprimento de rebento mais baixo (3,62 cm) foi observado nas sementes dos agricultores de Rangpur, foi semelhante ao das sementes dos agricultores de Faridpur e do mercado (Quadro 2.2.3). O rácio raiz-raiz mais elevado apareceu nas sementes dos agricultores de Rangpur (0,91) e foi o mais baixo (0,73) nas sementes BJRI. As sementes do BADC apresentaram uma relação de 0,77 em condições de estufa em 2003 (quadro 2.2.3).

Em condições de campo, o peso seco da plântula, o comprimento do rebento e o comprimento da raiz da variedade 0-9897 variaram significativamente devido às fontes de sementes durante 2002 (Tabela 2.2.4). O maior peso seco de plântulas (42,21 mg) observado na semente BJRI, foi estatisticamente igual ao BADC (41,33 mg). Em contraste, o peso seco mais baixo das plântulas (36,28 mg) foi encontrado nas sementes dos agricultores de Rangpur em 2002. Foram observados pesos secos de plântulas semelhantes nas sementes dos agricultores de Faridpur e Rangpur. As sementes do mercado local tiveram um peso seco de plântulas de 38,65 mg (quadro 2.2.4). O maior comprimento de rebento (3,92 cm) foi encontrado na semente BJRI, enquanto o menor na semente dos agricultores de Rangpur (3,10 cm), foi estatisticamente igual à semente dos agricultores de Faridpur (3,16 cm) e do mercado (3,24 cm). O comprimento do rebento da BADC (3,76 cm) foi o segundo mais alto em comparação com a semente BJRI (Quadro 2.2.4). Em condições de campo, o maior comprimento de raiz, de 3,08 cm, foi observado nas sementes dos agricultores de Rangpur, que foi estatisticamente idêntico a todas as outras fontes de sementes, exceto a fonte do mercado (2,84 cm). O comprimento de raiz mais baixo foi registado nas sementes do mercado. O rácio raiz-raiz (0,99) foi o mais elevado nas sementes dos agricultores de Rangpur e o mais baixo nas sementes BJRI (0,78). Em condições de campo, o rácio raiz-enxerto de BJRI e BADC (0,78 e 0,79, respetivamente) foram estatisticamente iguais (Quadro 2.2.4).

Durante 2003, o peso seco das plântulas e o comprimento dos rebentos diferiram significativamente devido às fontes de sementes de 0-9897. No entanto, o comprimento da raiz não foi significativo em condições de campo (Tabela 2.2.4). O maior peso seco de plântulas (41,07 mg) foi encontrado na semente BJRI e o menor (33,73 mg) na semente dos agricultores de Rangpur. Em termos de peso seco das plântulas, as sementes do BADC e do mercado tinham pesos semelhantes (39,18 mg e 39,70 mg, respetivamente). O comprimento do rebento foi o mais elevado (3,94 cm) das sementes BJRI durante 2003 em condições de campo. Em contraste, o comprimento mais baixo do rebento (3,34 cm) foi observado nas sementes dos agricultores de Rangpur, foi estatisticamente igual às sementes dos agricultores de Faridpur (3,52 cm) e do mercado (3,46 cm) (Quadro 2.2.4). O rácio raiz/parte aérea (0,87) foi o mais elevado nas sementes dos agricultores de Rangpur e o mais baixo (0,78) nas sementes do BJRI. As sementes do BADC apresentaram uma relação raiz/raiz de 0,80 em condições de campo em 2003, semelhante à das sementes dos agricultores de Faridpur e das sementes do mercado (quadro 2.2.4).

Tabela 2.2.4. Desempenho das plântulas de sementes 0-9897 em condições de campo em função das fontes de sementes em 2002 e 2003

Treatment (Seed sources)	Field study			
	Seedling dry weight (mg)	Shoot length (cm)	Root length (cm)	Root-shoot ratio
Year 2002				
BJRI	42.21a	3.92a	3.04	0.78
BADC	41.33a	3.76b	2.96	0.79
Farmer (Faridpur)	36.34c	3.16c	2.88	0.91
Farmer (Rangpur)	36.28c	3.10c	3.08	0.99
Local market	38.65b	3.24c	2.84	0.88
Level of significance	0.01	0.01	NS	-
Year 2003				
BJRI	41.07a	3.94a	3.08	0.78
BADC	39.18b	3.74b	3.01	0.80
Farmer (Faridpur)	36.29c	3.52c	2.82	0.80
Farmer (Rangpur)	33.73d	3.34c	2.89	0.87
Local market	39.70b	3.46c	2.76	0.80
Level of significance	0.01	0.01	NS	-

Numa coluna, os números com letra(s) comum(ns) não diferem significativamente entre si ao nível de 1% de probabilidade. NS=Não significativo.

4.3 Experiência 3.1 Efeito das fontes de sementes CVL-1 no estabelecimento das plantas em condições de estufa e de campo

Em condições de casa de vegetação, a altura da planta, o diâmetro da base e o comprimento da raiz diferiram significativamente devido às fontes de sementes para CVL-1 durante 2002 e 2003 (Tabela 3.1.1). A maior altura da planta, diâmetro da base e comprimento da raiz (103,75 cm, 10,75 mm e 12,20 cm, respetivamente) em 2002 e (110,58 cm, 11,31 mm e 12,79 cm, respetivamente) em 2003 foram registados nas sementes BJRI, que foram estatisticamente semelhantes às sementes BADC, exceto o comprimento da raiz em 2002 e o diâmetro da base em 2003. A altura mais baixa das plantas, o diâmetro da base e o comprimento da raiz foram registados em 2002 nas sementes dos agricultores de Manikgonj. Estes parâmetros mostraram uma tendência semelhante em 2003, exceto o diâmetro da base, que foi o mais baixo nas sementes de Kishoregonj (quadro 3.1.1). As sementes dos agricultores de Manikgonj e Kishoregonj; e as sementes do mercado tiveram estatisticamente a mesma altura de planta, diâmetro de base e comprimento de raiz em 2002 e 2003, apenas a variação foi encontrada na altura de planta em 2002 (quadro 3.1.1).

Independentemente das fontes de sementes, em condições de estufa, a altura da planta, o diâmetro da base e o comprimento da raiz da CVL-1 variaram significativamente devido a diferentes idades das plântulas durante 2002 e 2003 (Quadro 3.1.2). A maior altura de planta, diâmetro de base e comprimento de raiz foram observados aos 60 dias de idade das mudas durante 2002 e 2003. As maiores alturas de planta, diâmetro de base e comprimento de raiz foram 156,40 cm, 15,97 mm e 15,92 cm durante 2002 e 163,27 cm, 16,29 mm e 15,61 cm durante 2003, respetivamente. A altura mais baixa da planta, o diâmetro da base e o comprimento da raiz foram 45,40 cm, 4,91 mm e 7,19 cm em 2002; e 48,80 cm, 5,26 mm e 7,67 cm em 2003, respetivamente, foram observados aos 30 dias de idade das mudas em casa de vegetação (Tabela 3.1.2). Um aumento cronológico foi encontrado na altura da planta, diâmetro da base e comprimento da raiz com o aumento da idade da muda de 30 para 60 dias com um intervalo de 10 dias em ambos os anos (Tabela 3.1.2).

Tabela 3.1.1. Efeito das fontes de sementes nos caracteres de crescimento da CVL-1 em condições de estufa durante 2002 e 2003

Treatment	CVL-1 under green house study					
(Seed sources)	Year 2002			Year 2003		
	Plant height (cm)	Base diameter (mm)	Root length (cm)	Plant height (cm)	Base diameter (mm)	Root length (cm)
BJRI	103.75 a	10.75 a	12.20 a	110.58 a	11.31 a	12.79 a
BADC	101.25 a	10.39 a	11.65 b	107.50 a	10.94 b	12.29 a
Farmer (Manikganj)	84.25 cd	8.72 c	10.79 c	89.58 b	9.23 c	10.88 b
Farmer (Kishoreganj)	86.58 c	9.03 bc	10.98 c	90.83 b	9.13 c	10.89 b
Local market	91.42 b	9.36 b	10.90 c	90.75 b	9.29 c	10.86 b
Level of significance	0.01	0.01	0.01	0.01	0.01	0.01

Numa coluna, os números com letra(s) comum(ns) não diferem significativamente entre si por DMRT a um nível de probabilidade de 1%.

Tabela 3.1.2. Efeito da idade das plântulas nos caracteres de crescimento da CVL-1 em condições de estufa durante 2002 e 2003

Treatment	CVL-1 under green house study					
(Seedling age) (Days)	Year 2002			Year 2003		
	Plant height (cm)	Base diameter (mm)	Root length (cm)	Plant height (cm)	Base diameter (mm)	Root length (cm)
30	45.40 d	4.91 d	7.19 d	48.80 d	5.26 d	7.67 d
40	68.87 c	6.96 c	10.18 c	72.47 c	7.24 c	10.57 c
50	103.13 b	10.76 b	11.92 b	106.87 b	11.12 b	12.31 b
60	156.40 a	15.97 a	15.92 a	163.27 a	16.29 a	15.61 a
Level of significance	0.01	0.01	0.01	0.01	0.01	0.01

Numa coluna, os números com letra(s) comum(ns) não diferem significativamente entre si ao nível de 1% de probabilidade. DAS= dias após a sementeira.

A interação entre as fontes de sementes e a idade das plântulas afectou significativamente a altura da planta, o diâmetro da base e o comprimento da raiz para CVL-1 em condições de estufa (Quadro 3.1.3). A maior altura de planta, diâmetro de base e comprimento de raiz foram registados (167,33 cm, 17,23 mm e 16,77 cm durante 2002; e 179,00 cm, 18,07 mm e 17,50 cm em 2003, respetivamente) em sementes de BJRI aos 60 dias de idade de plântula. A altura da planta e o diâmetro da base mais baixos (41,00 cm e 4,03 mm em 2002; e 44,67 cm e 4,50 mm em 2003, respetivamente) foram observados nas sementes dos agricultores de Manikgonj com 30 dias de idade de plântula. No entanto, o comprimento da raiz foi o mais baixo na semente dos agricultores de Kishoregonj em ambos os anos (6,63 cm em 2002 e 6,80 cm em 2003, respetivamente) aos 30 dias de idade das plântulas, e foi estatisticamente idêntico ao da semente dos agricultores de Manikgonj e da semente do mercado (quadro 3.1.3).

Foram observadas diferenças significativas na idade das plântulas em relação à altura da planta, diâmetro da base e comprimento da raiz da CVL-1 devido às fontes de sementes durante 2002 e 2003 (Tabela 3.1.4). A maior altura de planta, diâmetro de base e comprimento de raiz foram encontrados nas sementes BJRI, que eram semelhantes às sementes BADC, exceto o diâmetro de base. As sementes do agricultor de Manikganj apresentaram os valores mais baixos para estes parâmetros em ambos os anos, que foram semelhantes às sementes do agricultor de Kishoreganj, especialmente para a altura da planta (quadro 3.1.4). As sementes do mercado local apresentaram um desempenho um pouco mais elevado do que as sementes dos agricultores. As sementes do mercado local produziram uma altura de planta semelhante à das sementes dos agricultores de Kishoreganj em 2003 (quadro 3.1.4).

Independentemente das fontes de sementes, a idade das mudas mostrou diferenças significativas em relação à altura da planta, diâmetro da base e comprimento da raiz sob condições de campo das sementes CVL-1 (Tabela 3.1.5). A maior altura de planta, diâmetro de base e comprimento de raiz foram encontrados aos 60 dias após a semeadura (DAS) sob condições de campo em ambos os anos. Os menores foram observados aos 30 DAS. A altura da planta, o diâmetro da base e o comprimento da raiz aumentaram com o aumento da idade da plântula.

Tabela 3.1.3. Efeito da interação entre as fontes de sementes e a idade das plântulas nos caracteres de crescimento da CVL-1 em condições de estufa durante 2002 e 2003

Interaction (Seed sources and seedling age) (days)		CVL-1 under green house study					
		Year 2002			Year 2003		
		Plant height (cm)	Base diameter (mm)	Root length (cm)	Plant height (cm)	Base diameter (mm)	Root length (cm)
BJRI	30	51.00d	6.00d	8.13cd	55.00cd	6.47cd	8.67d
	40	81.33c	7.97c	11.13c	86.00c	8.36c	11.66bc
	50	115.33b	11.80b	12.77b	122.30ab	12.33b	13.32b
	60	167.33a	17.23a	16.77a	179.00a	18.07a	17.50a
BADC	30	48.67d	5.83d	7.67d	53.00d	6.10cd	8.56d
	40	79.00c	7.67c	10.50c	84.00c	8.13c	11.27bc
	50	113.00b	11.33b	12.33b	119.00b	12.03b	12.90b
	60	164.33a	16.73a	16.10a	174.00ba	17.50a	16.43a
Farmer (Manikganj)	30	41.00d	4.03d	6.77d	44.67d	4.50d	7.23d
	40	59.33c	6.27cd	9.77dc	64.32c	6.50c	9.93c
	50	94.00b	10.03b	11.40b	97.63b	10.60b	11.87b
	60	142.67a	14.53ab	15.23a	151.62a	15.30a	14.47a
Farmer (Kishoreganj)	30	42.00d	4.20d	6.63d	45.31d	4.70d	6.80d
	40	62.00c	6.30c	9.77c	63.66c	6.47c	10.17bc
	50	93.33b	10.17b	11.80b	98.00b	10.20b	11.68b
	60	149.00a	15.47a	15.73a	156.33a	15.13a	14.90a
Local market	30	44.33d	4.50d	6.77d	46.00d	4.53d	7.10d
	40	62.67c	6.60c	9.77c	64.33c	6.73c	9.83c
	50	100.00b	10.47b	11.30b	97.35b	10.42b	11.77b
	60	158.67a	15.87a	15.77a	155.30a	15.45a	14.73a
Level of significance		0.01	0.01	0.01	0.01	0.01	0.05

Numa coluna, os números com letra(s) comum(ns) não diferem significativamente entre si por DMRT a um nível de probabilidade de 1%.

Tabela 3.1.4. Efeito das fontes de sementes nos caracteres de crescimento da CVL-1 em idade de plântula durante 2002 e 2003

Treatment	CVL-1 under field study					
(Seed sources)	Year 2002			Year 2003		
	Plant height (cm)	Base diameter (mm)	Root length (cm)	Plant height (cm)	Base diameter (mm)	Root length (cm)
BJRI	97.58 a	9.83 a	10.96 a	99.33 a	10.18 a	11.74 a
BADC	93.33 a	9.52 b	10.55 a	96.58 a	9.83 b	11.21 a
Farmer (Manikganj)	79.50 d	8.06 e	9.18 c	83.08 c	8.27 e	9.78 c
Farmer (Kishoreganj)	82.75 cd	8.37 d	9.69 b	86.50 bc	8.48 d	10.01 bc
Local market	88.58 b	8.64 c	10.04 b	89.08 b	8.71 c	10.37 b
Level of significance	0.01	0.01	0.01	0.01	0.01	0.01

Numa coluna, os números com letra(s) comum(ns) não diferem significativamente entre si por DMRT a um nível de probabilidade de 1%.

Tabela 3.1.5. Efeito da idade das plântulas nos caracteres de crescimento de CVL-1 em condições de campo durante 2002 e 2003

Treatment	CVL-1 under field study					
(Seedling age) (Days)	Year 2002			Year 2003		
	Plant height (cm)	Base diameter (mm)	Root length (cm)	Plant height (cm)	Base diameter (mm)	Root length (cm)
30	38.13 d	4.45 d	6.51 d	38.80 d	4.53 d	6.71 d
40	66.67 c	6.31 c	9.06 c	67.47 c	6.37 c	10.00 c
50	99.93 b	10.05 b	10.15 b	101.00 b	10.44 b	11.43 b
60	148.67 a	14.71 a	14.61 a	156.40 a	15.03 a	14.35 a
Level of significance	0.01	0.01	0.01	0.01	0.01	0.01

Numa coluna, os números com letra(s) comum(ns) não diferem significativamente entre si por DMRT ao nível de 1% de probabilidade. DAS= dias após a sementeira.

Tabela 3.1.6. Efeito da interação entre as fontes de sementes e a idade das plântulas nos caracteres de crescimento da CVL-1 em condições de campo durante 2002 e 2003

| Interaction | | CVL-1 under field study | | | | | |
| (Seed sources and seedling age) (Days) | | Year 2002 | | | Year 2003 | | |
		Plant height (cm)	Base diameter (mm)	Root length (cm)	Plant height (cm)	Base diameter (mm)	Root length (cm)
BJRI	30	44.67d	5.43d	7.30d	44.67d	5.43d	7.70d
	40	77.00c	7.17c	9.93c	76.62c	7.37c	10.60bc
	50	109.00ab	10.87b	11.23b	112.00b	11.40ab	12.61b
	60	159.67a	15.86a	15.37a	164.00a	16.53a	16.07a
BADC	30	41.00d	5.23d	6.80d	43.32d	5.20d	7.30d
	40	74.00c	6.90c	9.56c	74.00c	7.10c	10.17bc
	50	102.66b	10.63b	10.90b	108.63b	11.13b	12.10b
	60	155.67a	15.30a	14.93a	160.34a	15.87a	15.27a
Farmer (Manikganj)	30	31.00d	3.53d	5.80d	33.32d	3.77d	6.20d
	40	54.62c	5.47c	8.27c	59.00c	5.63c	9.33c
	50	93.65b	9.33b	9.26bc	92.33b	9.70b	10.60b
	60	138.56a	13.90a	13.40a	147.65a	13.96a	13.00a
Farmer (Kishoreganj)	30	34.33d	4.00d	6.10d	34.67c	3.93d	5.97d
	40	58.64c	5.77c	8.56c	62.00c	5.76c	9.83c
	50	96.00b	9.53b	9.56bc	95.67b	9.90b	10.83b
	60	142.00a	14.16a	14.53a	153.63a	14.33a	13.40a
Local market	30	39.58d	4.07d	6.55d	38.00d	4.30d	6.40d
	40	69.00c	6.25c	8.97c	65.62c	6.00c	10.07bc
	50	98.33b	9.90b	9.80bc	96.33b	10.07ab	11.00b
	60	147.32a	14.32a	14.83a	156.31a	14.47a	14.00a
Level of significance		0.01	0.01	0.05	0.01	0.01	0.01

Numa coluna, os números com letra(s) comum(ns) não diferem significativamente entre si ao nível de 1% de probabilidade. DAS= dias após a sementeira.

A altura da planta, o diâmetro da base e o comprimento da raiz da CVL-1 em condições de campo foram significativamente afectados pela interação entre as fontes de sementes e a idade das plântulas. A maior altura de planta, diâmetro de base e comprimento de raiz foram observados em sementes BJRI aos 60 dias de idade de plântula seguidas por sementes BADC durante 2002 e 2003. Nas sementes dos agricultores de Manikganj, os valores mais baixos para estes parâmetros foram encontrados aos 30 DAS. A altura da planta, o diâmetro da base e o comprimento da raiz observados em casa de vegetação foram superiores aos observados em condições de campo (quadro 3.1.6).

Em condições de casa de vegetação, foram encontradas variações significativas no peso seco do caule e no peso seco da raiz da planta^{-1} entre as fontes de sementes de CVL-1 durante 2002 e 2003 (Tabela 3.1.7). Exceto o peso seco da raiz durante 2003, todos os outros mostraram semelhança estatística nas sementes BJRI e BADC. O peso seco do caule e o peso seco da raiz foram mais elevados nas sementes da BJRI, seguidas pelas da BADC. O peso seco do caule e o peso seco da raiz foram os mais baixos nas sementes dos agricultores de Kishoreganj e nas sementes dos agricultores de Manikganj, em 2002, e o peso seco do caule nas sementes dos agricultores de Manikganj e o peso seco da raiz nas sementes do mercado, em 2003. Em termos de peso seco do caule das sementes, as sementes do BADC apresentaram uma semelhança estatística com as sementes dos agricultores e do mercado local (quadro 3.1.7).

Tabela 3.1.7. Efeito das fontes de sementes no peso seco do caule e da raiz de CVL-1 em condições de estufa durante 2002 e 2003

| Treatment | CVL-1 under green house study | | | |
| | Year 2002 | | Year 2003 | |
(Seed sources)	Stem dry weight (g)	Root dry weight (g)	Stem dry weight (g)	Root dry weight (g)
BJRI	8.13 a	3.02 a	8.71 a	3.33 a
BADC	7.88 ab	2.79 a	8.24 ab	3.06 b
Farmer (Manikganj)	7.04 c	2.39 c	7.33 b	2.83 cd
Farmer (Kishoreganj)	6.92 d	2.55 bc	8.41 ab	2.91 bc
Local market	7.23 b	2.66 b	7.40 b	2.79 d
Level of significance	0.01	0.01	0.01	0.01

Numa coluna, os números com letra(s) comum(ns) não diferem significativamente entre si por DMRT a um nível de probabilidade de 1%.

Independentemente das fontes de sementes, a idade das plântulas diferiu significativamente em relação ao peso seco do caule e ao peso seco da raiz em CVL-1 (Tabela 3.1.8). Verificou-se um aumento gradual do peso seco do caule e da raiz com o aumento da idade das plântulas. Em termos de peso seco do caule e da raiz, as variações entre as idades das plântulas foram muito elevadas. Os maiores pesos secos de caule foram encontrados durante 2002 e 2003 aos 60 dias e os pesos secos de raiz foram registados em ambos os anos aos 60 DAS. Os pesos secos mais baixos do caule e da raiz foram encontrados aos 30 DAS durante 2002 e 2003 (Tabela

3.1.8).

Treatment (Seedling age) (Days)	CVL-1 under green house study			
	Year 2002		Year 2003	
	Stem dry weight (g)	Root dry weight (g)	Stem dry weight (g)	Root dry weight (g)
30	1.03 d	0.34 d	1.78 d	0.37 d
40	2.78 c	0.79 c	2.88 c	0.86 c
50	6.98 b	1.66 b	7.41 b	2.05 b
60	18.97 a	7.94 a	20.01 a	8.65 a
Level of significance	0.01	0.01	0.01	0.01

Numa coluna, os números com letra(s) comum(ns) não diferem significativamente entre si por DMRT a um nível de probabilidade de 1%.

A interação entre as fontes de semente e a idade das plântulas em condições de estufa no peso seco do caule e no peso seco da raiz das sementes CVL-1 diferiu significativamente durante 2002 e 2003 (Quadro 3.1.9). O peso seco do caule e o peso seco da raiz mais elevados foram observados nas sementes BJRI aos 60 DAS durante 2002 e 2003. As sementes BADC apresentaram resultados estatisticamente idênticos aos da BJRI. Os pesos secos do caule e da raiz foram os mais baixos nas sementes dos agricultores de Manikgonj em 2002 e nas sementes do mercado local e nas sementes dos agricultores de Kishoregonj em 2003, aos 30 DAS. As sementes dos agricultores de Manikgonj e Kishoregonj; e as sementes do mercado mostraram semelhança estatística no que respeita à idade das plântulas (quadro 3.1.9).

Tabela 3.1.9. Efeito de interação das fontes de sementes e da idade das plântulas no peso seco do caule e da raiz de CVL-1 em condições de estufa durante 2002 e 2003

Interaction (Seed sources and seedling age) (days)		CVL-1 under green house study			
		Year 2002		Year 2003	
		Stem dry weight (g)	Root dry weight (g)	Stem dry weight (g)	Root dry weight (g)
BJRI	30	1.13d	0.40d	1.33d	0.46d
	40	2.98c	0.85c	3.09c	0.94c
	50	7.82b	1.92b	8.56b	2.16b
	60	20.61a	8.91a	21.87a	9.77a
BADC	30	1.09d	0.38d	1.28d	0.40d
	40	2.90c	0.83c	3.02c	0.91c
	50	7.49b	1.85b	8.05b	2.09b
	60	20.06a	8.08a	20.60a	8.84a
Farmer (Manikganj)	30	0.96d	0.29d	1.04d	0.33d
	40	2.62c	0.73c	2.73c	0.84c
	50	6.74b	1.15b	6.80b	2.07b
	60	17.86a	7.39a	18.74a	8.07a
Farmer (Kishoreganj)	30	0.98d	0.31d	1.24d	0.32d
	40	2.68c	0.75c	2.81c	0.82c
	50	6.28b	1.69b	6.83b	2.01b
	60	17.74a	7.46a	19.78a	8.48a
Local market	30	1.00d	0.32d	1.02d	0.34d
	40	2.74c	0.79c	2.76c	0.81c
	50	6.56b	1.68b	6.79b	1.90b
	60	18.61a	7.87a	19.05a	8.10a
Level of significance		0.01	0.01	0.01	0.01

Numa coluna, os números com letra(s) comum(ns) não diferem significativamente entre si por DMRT a um nível de probabilidade de 1%.

Em condições de campo, foram encontradas variações significativas no peso seco do caule e da raiz entre as fontes de sementes de CVL-1 durante 2002 e 2003 (Tabela 3.1.10). Observou-se uma semelhança estatística nas sementes BJRI e BADC em termos de peso seco do caule e da raiz. O peso seco do caule e o peso seco da raiz foram mais elevados nas sementes da BJRI, seguidas pelas da BADC. O peso seco do caule e da raiz mais baixo foi observado nas sementes dos agricultores de Manikganj. As sementes do mercado local apresentaram o terceiro maior peso seco do caule e da raiz entre as fontes de sementes. O peso seco do caule das sementes do mercado foi semelhante ao das sementes do BJRI e do BADC apenas em 2003 (quadro 3.1.10).

Tabela 3.1.10. Efeito das fontes de sementes no peso seco do caule e da raiz de CVL-1 em condições de campo durante 2002 e 2003

Treatment	CVL-1 under field study			
(Seed sources)	Year 2002		Year 2003	
	Stem dry weight (g)	Root dry weight (g)	Stem dry weight (g)	Root dry weight (g)
BJRI	6.98 a	2.42 a	6.94	2.83 a
BADC	6.84 a	2.22 a	7.41	2.76 a
Farmer (Manikganj)	5.99 d	1.98 c	6.13	2.29 c
Farmer (Kishoreganj)	6.13 c	2.07 bc	6.47	2.43 bc
Local market	6.38 b	2.18 b	6.65	2.49 b
Level of significance	0.01	0.01	NS	0.01

Numa coluna, os números com letra(s) comum(ns) não diferem significativamente entre si ao nível de 1% de probabilidade. NS= Não significativo

A idade das plântulas afectou significativamente os pesos secos do caule e da raiz em CVL-1 em condições de campo durante 2002 e 2003, independentemente das fontes de sementes. Foram registados aumentos graduais no peso seco do caule e da raiz com o aumento da idade das plântulas. Foram registadas variações muito grandes entre as durações no peso seco do caule e da raiz também em condições de campo. Os maiores pesos secos de caule e raiz durante 2002 e 2003 foram observados aos 60 DAS, enquanto o menor foi observado aos 30 DAS (Tabela 3.1.11).

A interação entre a fonte de sementes e a idade das plântulas variou significativamente devido ao peso seco do caule e da raiz da CVL-1 durante 2002 e 2003 em condições de campo (Quadro 3.1.12). O maior peso seco de caule foi observado na semente BJRI aos 60 DAS. O maior peso seco de raiz também foi encontrado nas sementes de BJRI aos 60 DAS. As sementes BADC tiveram semelhança estatística com as sementes BJRI. Os pesos secos do caule e da raiz foram mais baixos aos 30 DAS nas sementes dos agricultores de Manikgonj. Peso seco de raiz similar em 2003 foi observado em sementes de agricultores de Kishoregonj. As sementes dos agricultores de ambos os locais e as sementes do mercado tinham pesos secos de caule e raiz estatisticamente indiferentes (quadro 3.1.12).

Tabela 3.1.11. Efeito da idade das plântulas no peso seco do caule e da raiz de CVL-1 em condições de campo durante 2002 e 2003

Treatment (Seedling age) (days)	CVL-1 under field study			
	Year 2002		Year 2003	
	Stem dry weight (g)	Root dry weight (g)	Stem dry weight (g)	Root dry weight (g)
30	0.90 d	0.27 d	0.97 d	0.33 d
40	2.36 c	0.71 c	2.56 c	0.78 c
50	6.05 b	1.22 b	6.48 b	1.93 b
60	16.55 a	6.49 a	16.88 a	7.21 a
Level of significance	0.01	0.01	0.01	0.01

Numa coluna, os números com letra(s) comum(ns) não diferem significativamente entre si por DMRT a um nível de probabilidade de 1%.

Tabela 3.1.12. Efeito da interação entre as fontes de sementes e a idade das plântulas no peso seco do caule e da raiz de CVL-1 em condições de campo durante 2002 e 2003

Interaction		CVL-1 under field study			
(Seed sources and seedling age) (days)		Year 2002		Year 2003	
		Stem dry weight (g)	Root dry weight (g)	Stem dry weight (g)	Root dry weight (g)
BJRI	30	0.98d	0.30d	1.05d	0.39d
	40	2.62c	0.80c	2.98c	0.85c
	50	6.46b	1.36b	7.56b	2.03b
	60	17.89a	7.21a	18.56a	8.06a
BADC	30	0.95d	0.28d	0.98d	0.37d
	40	2.56c	0.74c	2.88c	0.81c
	50	6.38b	1.31b	7.12b	2.01b
	60	17.48a	6.52a	16.94a	7.87a
Farmer (Manikganj)	30	0.81d	0.23d	0.88d	0.29d
	40	2.04c	0.62c	2.10c	0.70c
	50	5.68b	1.04b	5.58b	1.79b
	60	15.46a	6.03a	15.97a	6.39a
Farmer (Kishoreganj)	30	0.85d	0.26d	0.95d	0.29d
	40	2.12c	0.67c	2.26c	0.75c
	50	5.66b	1.16a	6.00b	1.89b
	60	15.91a	6.18a	16.67a	6.81a
Local market	30	0.92d	0.27d	0.98d	0.32d
	40	2.48c	0.70c	2.56c	0.78c
	50	6.08b	1.22b	6.13b	1.93b
	60	16.03a	6.52a	16.17a	6.94a
Level of significance		0.01	0.01	0.01	0.01

Numa coluna, os números com letra(s) comum(ns) não diferem significativamente entre si por DMRT a um nível de probabilidade de 1%.

4.4 Experiência 3.2 Efeito das fontes de sementes 0-9897 no estabelecimento das plantas em condições de estufa e de campo

Sob condições de estufa, a altura da planta, o diâmetro da base e o comprimento da raiz variaram significativamente devido às fontes de sementes de 0-9897 durante 2002 e 2003 (Quadro 3.2.1). A maior altura de planta, diâmetro de base e comprimento de raiz foram observados nas sementes BJRI tanto em 2002 como em 2003 e foram estatisticamente indiferentes às sementes

BADC exceto o comprimento de raiz em ambos os anos. Em contraste, a altura da planta, o diâmetro da base e o comprimento da raiz mais baixos foram observados nas sementes dos agricultores de Faridpur. Além disso, as sementes dos agricultores de Faridpur e Rangpur; e as sementes do mercado foram estatisticamente semelhantes em altura de planta, diâmetro de base e comprimento de raiz para 2002 e 2003 (Quadro 3.2.1).

Tabela 3.2.1. Efeito das fontes de sementes nos caracteres de crescimento do 0-9897 em condições de estufa durante 2002 e 2003

| Treatment | O-9897 under green house study | | | | | |
| (Seed sources) | Year 2002 | | | Year 2003 | | |
	Plant height (cm)	Base diameter (mm)	Root length (cm)	Plant height (cm)	Base diameter (mm)	Root length (cm)
BJRI	100.50 a	10.53 a	12.88 a	106.50 a	11.34 a	13.76 a
BADC	98.42 a	10.18 a	12.45 b	101.83 a	10.79 a	13.15 b
Farmer (Faridpur)	88.33 c	9.08 c	10.74 d	93.83 c	9.32 d	11.34 c
Farmer (Rangpur)	90.42 bc	9.10 bc	10.88 cd	95.67 bc	9.43 bc	11.48 c
Local market	93.42 b	9.36 b	11.09 c	96.17 b	9.79 b	11.32 c
Level of significance	0.01	0.01	0.01	0.01	0.01	0.01

Numa coluna, os números com letra(s) comum(ns) não diferem significativamente entre si por DMRT a um nível de probabilidade de 1%.

Independentemente das fontes de sementes, a altura da planta, o diâmetro da base e o comprimento da raiz de 0 9897 diferiram significativamente quanto à idade das plântulas em condições de estufa durante 2002 e 2003 (Quadro 3.2.2). A maior altura de planta, diâmetro de base e comprimento de raiz foram observados aos 60 DAS tanto em 2002 como em 2003. Em contraste, a menor altura de planta, diâmetro de base e comprimento de raiz foram observados aos 30 DAS. Foi observado um aumento gradual na altura da planta, diâmetro da base e comprimento da raiz com o aumento gradual da idade da plântula num intervalo de 10 dias para ambos os anos (Quadro 3.2.2).

Tabela 3.2.2. Efeito da idade da plântula nos caracteres de crescimento da 0-9897 em condições de estufa durante 2002 e 2003

Treatment (Seedling age) (days)	O-9897 under green house study					
	Year 2002			Year 2003		
	Plant height (cm)	Base diameter (mm)	Root length (cm)	Plant height (cm)	Base diameter (mm)	Root length (cm)
30	44.73 d	4.93 d	7.02 d	46.27 d	5.29 d	7.41 d
40	75.47 c	7.85 c	10.61 c	77.60 c	8.57 c	11.33 c
50	101.20 b	10.24 b	12.57 b	108.40 b	10.99 b	13.15 b
60	155.47 a	15.58 a	16.24 a	162.93 a	15.69 a	16.94 a
Level of significance	0.01	0.01	0.01	0.01	0.01	0.01

Numa coluna, os números com letra(s) comum(ns) não diferem significativamente entre si por DMRT a um nível de probabilidade de 1%.

As interacções entre a fonte de sementes e a idade das plântulas diferiram significativamente na altura da planta, diâmetro da base e comprimento da raiz de *Corchorus olitorius* L. em condições de estufa (Quadro 3.2.3). A maior altura de planta, diâmetro de base e comprimento de raiz foram registados durante 2002 e 2003 em sementes BJRI aos 60 DAS. Em contraste, a altura da planta e o diâmetro da base mais baixos foram registados em sementes de agricultores de Faridpur aos 30 DAS durante 2002 e 2003. Contudo, o comprimento da raiz foi o mais baixo nas sementes dos agricultores de Rangpur em 2003 aos 30 DAS, foi estatisticamente idêntico às sementes dos agricultores de Faridpur e às sementes do mercado. O diâmetro da base foi mais baixo nas sementes dos agricultores de Rangpur em 2003. As sementes do mercado local mostraram-se semelhantes, mas ligeiramente superiores às sementes dos agricultores em todos os ensaios acima mencionados (quadro 3.2.3).

Tabela 3.2.3. Efeito da interação das fontes de sementes e da idade das plântulas nos caracteres de crescimento da 0-9897 em condições de estufa durante 2002 e 2003

Interaction		O-9897 under green house study					
(Seed sources and seedling age) (days)		Year 2002			Year 2003		
		Plant height (cm)	Base diameter (mm)	Root length (cm)	Plant height (cm)	Base diameter (mm)	Root length (cm)
BJRI	30	48.00d	6.27d	8.50d	50.00d	6.87d	8.90d
	40	79.67c	8.26bc	11.83bc	81.00c	9.37c	12.70c
	50	104.33b	10.90b	13.87b	117.67b	11.83b	14.80b
	60	170.00a	16.70a	17.30a	177.33a	17.30a	18.63a
BADC	30	46.33d	5.93d	8.23d	48.33d	6.50d	8.50d
	40	77.00c	8.03c	11.27c	77.32c	8.93c	12.23c
	50	102.00b	10.67b	13.40b	111.00b	11.17b	14.07b
	60	168.33a	16.07a	16.90a	170.65a	16.57a	17.80a
Farmer (Faridpur)	30	42.32d	4.07d	6.17d	42.32d	4.33d	6.70d
	40	72.65c	7.53c	9.80c	76.00c	7.90c	10.53c
	50	96.65b	9.83b	11.67b	104.31b	10.56b	12.17b
	60	141.67a	14.90a	15.33a	152.66a	14.46a	15.97a
Farmer (Rangpur)	30	43.00d	4.23d	5.90d	44.00d	4.27d	6.47d
	40	73.33c	7.65c	9.97c	77.33c	8.23c	10.57c
	50	98.66b	9.83b	11.90b	105.31b	10.60b	12.33b
	60	146.67a	14.67a	15.77a	156.00a	14.63a	16.53a
Local market	30	44.00d	4.17d	6.30d	46.68d	4.50d	6.47d
	40	74.64c	7.73c	10.17c	76.29c	8.40c	10.63c
	50	104.32c	9.97b	12.00b	103.61b	10.77b	12.40b
	60	150.66a	15.57a	15.90a	158.00a	15.50a	15.77a
Level of significance		0.01	0.01	0.01	0.01	0.01	0.05

Numa coluna, os números com letra(s) comum(ns) não diferem significativamente entre si por DMRT a um nível de probabilidade de 1%.

As fontes de sementes diferiram significativamente na altura da planta, diâmetro da base e comprimento da raiz de 0-9897 em condições de campo durante 2002 e 2003 (Quadro 3.2.4). A altura da planta, o diâmetro da base e o comprimento da raiz mais elevados foram encontrados nas sementes BJRI tanto em 2002 como em 2003. No entanto, a altura da planta durante 2002 e 2003 e o diâmetro da base durante 2002 das sementes BJRI mostraram indiferenças estatísticas com as sementes BADC. A altura da planta foi a mais baixa nas sementes dos agricultores de Faridpur em 2002 e também de Rangpur em 2003. O diâmetro de base mais baixo foi observado nas sementes dos agricultores de Faridpur e Rangpur em ambos os anos. O comprimento da raiz foi mais baixo em 2002 e em 2003, devido às sementes dos agricultores de Faridpur e Rangpur (quadro 3.2.4). No que respeita às sementes de mercado, observou-se que o diâmetro da base era

111

estatisticamente indiferente entre as sementes BJRI e BADC em 2002. A altura da planta em 2002 e o comprimento da raiz em 2003 das sementes de mercado também eram semelhantes aos das sementes dos agricultores de Faridpur e Rangpur (quadro 3.2.4).

Tabela 3.2.4. Efeito das fontes de sementes nos caracteres de crescimento do 0-9897 em condições de campo durante 2002 e 2003

| Treatment | O-9897 under field study | | | | | |
| (Seed sources) | Year 2002 | | | Year 2003 | | |
	Plant height (cm)	Base diameter (mm)	Root length (cm)	Plant height (cm)	Base diameter (mm)	Root length (cm)
BJRI	84.58 a	9.85 a	11.74 a	82.92 a	10.29 a	12.10 a
BADC	82.33 a	9.48 a	11.40 b	81.17 a	9.76 b	11.61 b
Farmer (Faridpur)	73.58 bc	8.22 b	9.71 d	71.83 bc	8.22 d	10.40 c
Farmer (Rangpur)	71.83 cd	8.48 b	9.93 d	71.92 c	8.15 d	9.91 d
Local market	77.17 b	9.04 a	10.17 c	74.33 b	8.65 c	10.40 cd
Level of significance	0.01	0.01	0.01	0.01	0.01	0.01

Numa coluna, os números com letra(s) comum(ns) não diferem significativamente entre si por DMRT a um nível de probabilidade de 1%.

Independentemente das fontes de sementes, a idade das plântulas variou significativamente devido à altura da planta, diâmetro da base e comprimento da raiz de 0-9897 em condições de campo (Quadro 3.2.5). A maior altura de planta, diâmetro de base e comprimento de raiz foram observados aos 60 DAS na idade de plântula em 2002 e 2003. Ao contrário, estes foram os mais baixos aos 30 DAS. Os parâmetros aumentaram com o aumento gradual da idade das plântulas (Quadro 3.2.5).

Quadro 3.2.5 Efeito da idade das plântulas nos caracteres de crescimento da 0-9897 em condições de campo durante 2002 e 2003

Treatment	O-9897 under field study					
(Seedling age) (days)	Year 2002			Year 2003		
	Plant height (cm)	Base diameter (mm)	Root length (cm)	Plant height (cm)	Base diameter (mm)	Root length (cm)
30	38.47 d	4.80 d	6.78 d	37.47 d	4.74 d	6.72 d
40	65.47 c	7.40 c	9.27 c	67.53 c	7.76 c	9.77 c
50	80.53 b	9.94 b	11.53 b	85.60 b	9.55 b	11.99 b
60	127.13 a	13.91 a	14.74 a	115.13 a	14.00 a	15.05 a
Level of significance	0.01	0.01	0.01	0.01	0.01	0.01

Numa coluna, os números com letra(s) comum(ns) não diferem significativamente entre si por DMRT a um nível de probabilidade de 1%.

Foi observado um efeito significativo da interação entre a fonte de sementes e a idade das plântulas para a altura da planta, diâmetro da base e comprimento da raiz de 0-9897 em condições de campo (Quadro 3.2.6). A maior altura de planta, diâmetro de base e comprimento de raiz foram observados nas sementes BJRI aos 60 DAS para 2002 e 2003, seguidas pelas sementes BADC. Em contraste, estes foram os mais baixos nas sementes dos agricultores aos 30 DAS. A altura da planta foi a mais baixa nas sementes dos agricultores de Rangpur em 2002 e 2003. O diâmetro da base foi também o mais baixo nas sementes dos agricultores de Faridpur em ambos os anos. O comprimento da raiz foi o mais baixo nas sementes dos agricultores de Faridpur em 2002 e em Rangpur em 2003. No entanto, em geral, os valores destes parâmetros em condições de campo foram inferiores aos registados em condições de estufa (quadro 3.2.6).

Quadro 3.2.6 Efeitos de interação das fontes de sementes e da idade das plântulas nos caracteres de crescimento da 0-9897 em condições de campo durante 2002 e 2003

Interaction		O-9897 under field study					
(Seed sources and seedling age) (days)		Year 2002			Year 2003		
		Plant height (cm)	Base diameter (mm)	Root length (cm)	Plant height (cm)	Base diameter (mm)	Root length (cm)
BJRI	30	41.67d	5.67d	8.00d	40.67d	5.87d	7.83d
	40	69.00c	7.63c	10.20bc	70.67c	8.53bc	10.87bc
	50	87.00b	10.83b	12.77b	90.33b	10.96b	12.85b
	60	140.67a	15.27a	16.00a	130.00a	15.80a	16.83a
BADC	30	40.66d	5.37d	7.63d	38.67d	5.48d	7.53d
	40	67.00c	7.47c	9.93c	69.00c	8.07bc	10.37bc
	50	84.00b	10.20b	12.53b	87.33b	10.37b	12.33b
	60	137.67a	14.90a	15.50a	129.66a	15.13a	16.20a
Farmer (Faridpur)	30	37.00d	4.00d	5.97d	35.63d	3.90d	6.17d
	40	61.00c	7.10c	8.40c	66.32c	7.40c	9.53c
	50	75.33b	9.30b	10.60b	80.31b	8.87b	11.60b
	60	121.00a	12.47a	13.87a	105.00a	12.70a	14.30a
Farmer (Rangpur)	30	34.00d	4.26d	6.07d	34.33d	4.10d	5.67d
	40	64.67c	7.33c	8.80c	65.33c	7.27c	8.73c
	50	77.33b	9.60b	10.83b	84.65b	8.87b	11.52b
	60	111.33a	12.70a	14.00d	103.33a	12.37a	13.73a
Local market	30	39.00d	4.70d	6.23d	38.00d	4.35d	6.40d
	40	65.67c	7.47c	9.00c	66.30c	7.53c	9.37c
	50	79.00b	9.77b	10.90b	85.29b	8.70b	11.65b
	60	125.00a	14.23a	14.53a	107.64a	14.00a	14.17a
Level of significance		0.01	0.01	0.01	0.01	0.01	0.01

Numa coluna, os números com letra(s) comum(ns) não diferem significativamente entre si por DMRT a um nível de probabilidade de 1%.

Foram observadas variações significativas para pesos secos de caule e raiz entre as fontes de sementes de 0-9897 em condições de estufa durante 2002 e 2003 (Quadro 3.2.7). As sementes BJRI e BADC apresentaram resultados estatisticamente indiferentes em ambos os anos. Os pesos secos do caule e da raiz foram mais elevados nas sementes BJRI, seguidas pelas sementes BADC, tanto em 2002 como em 2003. Em contrapartida, os pesos secos mais baixos do caule e da raiz foram observados nas sementes dos agricultores de Faridpur em 2002. Além disso, em 2003, o peso seco do caule das sementes dos agricultores de Faridpur e o peso seco da raiz das sementes do mercado foram os mais baixos. No entanto, os pesos secos do caule e da raiz das sementes de mercado foram estatisticamente diferentes dos das sementes dos agricultores de ambos os locais (quadro 3.2.7).

Independentemente das fontes de sementes, em condições de estufa, a idade das plântulas afectou significativamente os pesos secos do caule e da raiz de 0-9897, tanto em 2002 como em 2003 (Quadro 3.2.8). Foram encontrados aumentos graduais nos pesos secos do caule e da raiz com o aumento gradual da idade das plântulas. As idades das plântulas foram muito elevadas devido aos pesos secos do caule e da raiz. Os pesos secos do caule e da raiz mais elevados registaram-se aos 60 DAS, tanto em 2002 como em 2003. As pontuações mais baixas para estes efeitos foram registadas aos 30 DAS (Quadro 3.2.8).

A interação entre a fonte de sementes e a idade das plântulas variou significativamente para os pesos secos do caule e da raiz de 0-9897 em 2002 e 2003 em condições de estufa (Quadro 3.2.9). O maior peso seco de caule foi observado nas sementes BJRI aos 60 DAS durante 2002. O peso seco da raiz para as sementes BJRI foi o mais elevado aos 60 DAS tanto em 2002 como em 2003, sendo indiferente às sementes BADC. Os pesos secos do caule e da raiz foram, em contraste, os mais baixos aos 30 DAS nas sementes dos agricultores de Faridpur em 2002 e nas sementes do mercado e dos agricultores de Rangpur em 2003. O peso seco do caule e da raiz das sementes dos agricultores de ambos os locais e das sementes do mercado foram semelhantes em diferentes idades de plântulas. Além disso, as sementes do mercado tiveram um desempenho consideravelmente melhor do que as sementes dos agricultores (quadro 3.2.9).

Quadro 3.2.7 Efeito das fontes de sementes no peso seco do caule e da raiz de 0-9897 em condições de estufa durante 2002 e 2003

Treatment	O-9897 under green house study			
(Seed sources)	Year 2002		Year 2003	
	Stem dry weight (g)	Root dry weight (g)	Stem dry weight (g)	Root dry weight (g)
BJRI	9.88 a	2.94 a	10.27 a	3.17 a
BADC	9.77 a	2.87 a	10.18 a	3.07 a
Farmer (Faridpur)	8.87 cd	2.61 c	9.20 b	2.91 b
Farmer (Rangpur)	8.94 c	2.66 bc	9.25 b	2.90 bc
Local market	9.39 b	2.72 b	9.29 b	2.83 c
Level of significance	0.01	0.01	0.01	0.01

Numa coluna, os números com letra(s) comum(ns) não diferem significativamente entre si por DMRT a um nível de probabilidade de 1%.

Tabela 3.2.8. Efeito da idade das plântulas no peso seco do caule e da raiz de 0-9897 em condições de estufa durante 2002 e 2003

Treatment	O-9897 under green house study			
(Seedling age) (days)	Year 2002		Year 2003	
	Stem dry weight (g)	Root dry weight (g)	Stem dry weight (g)	Root dry weight (g)
30	1.02 d	0.32 d	1.08 d	0.33 d
40	3.60 c	1.04 c	3.60 c	1.25 c
50	9.25 b	2.08 b	9.78 b	2.34 b
60	23.61 a	7.60 a	24.09 a	7.98 a
Level of significance	0.01	0.01	0.01	0.01

Numa coluna, os números com letra(s) comum(ns) não diferem significativamente entre si por DMRT a um nível de probabilidade de 1%.

Quadro 3.2.9 Efeitos de interação das fontes de sementes e da idade das plântulas no peso seco do caule e da raiz de 0-9897 em condições de estufa durante 2002 e 2003

Interaction		O-9897 under green house study			
(Seed sources and seedling age) (days)		Year 2002		Year 2003	
		Stem dry weight (g)	Root dry weight (g)	Stem dry weight (g)	Root dry weight (g)
BJRI	30	1.06d	0.34d	1.13d	0.37d
	40	4.02c	1.12c	4.12c	1.36c
	50	10.04b	2.24b	10.78b	2.58b
	60	24.40a	8.04a	25.06a	8.37a
BADC	30	1.04d	0.33d	1.11d	0.35d
	40	3.90c	1.08c	4.04c	1.35c
	50	10.04b	2.14b	10.71b	2.52b
	60	24.10a	7.95a	24.87a	8.06c
Farmer (Faridpur)	30	0.98d	0.29d	1.06d	0.31d
	40	3.22c	0.98c	3.28c	1.17c
	50	8.27b	1.95b	9.06b	2.22b
	60	23.02a	7.20a	23.39a	7.93a
Farmer (Rangpur)	30	1.01d	0.31d	1.05d	0.30d
	40	3.36c	0.98c	3.27c	1.16c
	50	8.47b	2.04b	9.03b	2.20b
	60	22.91a	7.31a	23.66a	7.92a
Local market	30	1.03d	0.31d	1.04d	0.31d
	40	3.48c	1.02c	3.29c	1.22c
	50	9.41b	2.04b	9.34b	2.18b
	60	23.63a	7.52a	23.47ab	7.59a
Level of significance		0.01	0.01	0.01	0.01

Numa coluna, os números com letra(s) comum(ns) não diferem significativamente entre si por DMRT a um nível de probabilidade de 1%.

Em condições de campo, as variações das fontes de sementes foram significativas para os pesos secos do caule e da raiz de 0-9897 durante 2002 e 2003 (Quadro 3.2.10). No entanto, estes pesos secos mostraram resultados quase iguais entre as sementes BJRI e BADC. As sementes BJRI apresentaram os maiores pesos secos de caule e raiz, seguidas pelas sementes BADC em ambos os anos. Os pesos secos mais baixos do caule e da raiz foram observados nas sementes dos agricultores de Faridpur em 2002. O peso seco do caule nas sementes dos agricultores de Rangpur e o peso seco da raiz nas sementes dos agricultores de Faridpur foram os mais baixos em 2003. Os pesos secos do caule e da raiz das sementes do mercado ocuparam a terceira posição entre todas as fontes de sementes. No entanto, em 2003, as sementes do mercado tiveram a semelhança estatística com as sementes do BJRI e do BADC para estes efeitos (quadro 3.2.10).

Independentemente das fontes de sementes, a idade das plântulas afectou significativamente os pesos secos do caule e da raiz de 0-9897 durante 2002 e 2003 em condições de campo (Quadro 3.2.11). Além disso, foram observados aumentos graduais em ambos os parâmetros com o aumento gradual da idade das plântulas. Os pesos secos mais elevados do caule e da raiz foram observados aos 60 DAS e os mais baixos aos 30 DAS, tanto em 2002 como em 2003 (Quadro 3.2.11).

Os efeitos da interação entre a origem das sementes e a idade das plântulas em condições de campo variaram significativamente mais uma vez para os pesos secos do caule e da raiz de 0-9897 em 2002 e 2003 (Quadro 3.2.12). Os pesos secos mais elevados do caule e da raiz foram observados nas sementes BJRI aos 60 DAS, sendo as sementes BADC indiferentes a estes efeitos. Em contrapartida, o peso seco foi o mais baixo, aos 30 DAS, nas sementes dos agricultores de Faridpur em 2002 e nas sementes dos agricultores de Rangpur em 2003. Os pesos secos do caule e da raiz das sementes dos agricultores de ambos os locais e das sementes do mercado foram estatisticamente iguais em diferentes idades de plântulas (Quadro 3.2.12).

Tabela 3.2.10.Efeito das fontes de sementes no peso seco do caule e da raiz de 0-9897 em condições de campo durante 2002 e 2003

| Treatment | O-9897 under field study | | | |
| (Seed sources) | Year 2002 | | Year 2003 | |
	Stem dry weight (g)	Root dry weight (g)	Stem dry weight (g)	Root dry weight (g)
BJRI	9.00 a	2.60 a	9.47 a	2.65 a
BADC	8.73 a	2.49 a	9.05 a	2.52 a
Farmer (Faridpur)	7.88 c	2.23 c	8.51 b	2.20 c
Farmer (Rangpur)	8.40 b	2.31 bc	8.40 bc	2.22 bc
Local market	8.34 b	2.37 b	9.02 a	2.39 b
Level of significance	0.01	0.01	0.01	0.01

Numa coluna, os números com letra(s) comum(ns) não diferem significativamente entre si por DMRT a um nível de probabilidade de 1%.

Tabela 3.2.11.Efeito da idade das plântulas no peso seco do caule e da raiz de 0-9897 em condições de campo durante 2002 e 2003

Treatment	O-9897 under field study			
(Seedling age) (days)	Year 2002		Year 2003	
	Stem dry weight (g)	Root dry weight (g)	Stem dry weight (g)	Root dry weight (g)
30	0.98 d	0.27 d	1.00 d	0.29 d
40	2.90 c	0.96 c	3.05 c	1.19 c
50	8.75 b	1.95 b	8.72 b	2.08 b
60	21.26 a	6.42 a	22.78 a	6.02 a
Level of significance	0.01	0.01	0.01	0.01

Numa coluna, os números com letra(s) comum(ns) não diferem significativamente entre si por DMRT a um nível de probabilidade de 1%.

Tabela 3.2.12.   Efeito da interação entre as fontes de sementes e a idade das plântulas no peso seco do caule e da raiz de 0-9897 em condições de campo durante 2002 e 2003

Interaction		O-9897 under field study			
(Seed sources and seedling age) (days)		Year 2002		Year 2003	
		Stem dry weight (g)	Root dry weight (g)	Stem dry weight (g)	Root dry weight (g)
BJRI	30	1.03d	0.29d	1.08d	0.32d
	40	3.21c	1.08c	3.14c	1.30c
	50	9.07b	2.05b	9.50b	2.16b
	60	22.70a	6.98a	24.14a	6.81a
BADC	30	0.99d	0.28d	1.04d	0.30d
	40	3.12c	1.03c	3.08c	1.29c
	50	9.01b	2.00b	9.01b	2.11b
	60	21.80a	6.63a	23.08a	6.38a
Farmer (Faridpur)	30	0.93d	0.25d	0.96d	0.28d
	40	2.09c	0.81c	2.99c	1.10c
	50	8.27b	1.83b	8.08b	2.02b
	60	20.22a	6.02a	22.00a	5.40a
Farmer (Rangpur)	30	0.94d	0.27d	0.92d	0.26d
	40	3.01c	0.89c	2.97c	1.08c
	50	8.65b	1.90b	8.20b	2.04b
	60	20.99a	6.19a	21.51a	5.49a
Local market	30	0.99d	0.27d	1.01d	0.29d
	40	3.06c	0.99c	3.08c	1.17c
	50	8.75b	1.95b	8.82b	2.08b
	60	20.58a	6.28a	23.16a	6.01a
Level of significance		0.01	0.01	0.01	0.01

Numa coluna, os números com letra(s) comum(ns) não diferem significativamente entre si por DMRT a um nível de probabilidade de 1%.

4.5.1 Experiência 4.1

Efeito das fontes de sementes na fibra e noutros componentes do rendimento da CVL-1

O estande da planta, a altura da planta, o diâmetro da base, o rendimento em fibras e em palitos da CVL-1 diferiram significativamente devido às diferentes fontes de sementes durante 2002 e 2003 (Quadro 4.1.1). O stand de plantas e a altura de plantas mais elevados foram observados nas sementes BJRI e BADC. O maior diâmetro de base, fibra e rendimento de vara foram encontrados nas sementes BJRI seguidas pelas sementes BADC. Em contraste, o mais baixo estande de plantas, altura de plantas e rendimento de vara foram registados nas sementes dos agricultores de Manikgonj. No entanto, o diâmetro da base mais baixo foi encontrado nas sementes do mercado local e o rendimento em fibras nas sementes dos agricultores de Kishoregonj (Quadro 4.1.1).

Quadro 4.1.1 Rendimento em fibras e em varas; e outros caracteres que contribuem para o rendimento da CVL-1 afectados pelas fontes de sementes em 2002 e 2003

Treatment (Seed sources)	Plant stand (m^2)	Plant height (m)	Base diameter (mm)	Fibre yield ($t\ ha^{-1}$)	Stick yield ($t\ ha^{-1}$)
Year 2002					
BJRI	25.67a	3.30a	22.54a	2.91a	5.63a
BADC	25.33a	3.21a	21.41b	2.71b	4.94b
Farmer (Manikganj)	23.33c	2.97b	19.48d	2.23c	4.12d
Farmer (Kishoreganj)	23.67bc	3.06b	20.32c	2.03d	4.38c
Local market	24.67ab	2.97b	19.03e	2.25c	4.45c
Level of significance	0.01	0.01	0.01	0.01	0.01
Year 2003					
BJRI	26a	3.40a	22.38a	2.80a	5.25a
BADC	26a	3.29a	20.79b	2.65a	4.92b
Farmer (Manikganj)	23c	2.84b	18.29d	1.91b	4.13e
Farmer (Kishoreganj)	23bc	2.77b	19.21c	1.98b	4.25d
Local market	24b	2.91b	19.78c	1.97b	4.36c
Level of significance	0.01	0.05	0.01	0.01	0.01

Numa coluna, os números com letra(s) comum(ns) não diferem significativamente entre si por DMRT a um nível de probabilidade de 1%.

Diâmetro da planta verde, do galho e da fibra^{-1} da CVL-1 variou significativamente devido às fontes de sementes durante 2002 e 2003 (Tabela 4.1.2). Os diâmetros mais altos de planta verde, vara e fibra foram observados na semente BJRI seguida pela semente BADC em ambos os anos. Em contraste, os diâmetros mais baixos da planta verde, da vara e da fibra foram produzidos a partir das sementes dos agricultores de Manikgonj. As sementes do mercado local foram estatisticamente semelhantes às sementes dos agricultores de Kishoregonj no que respeita ao diâmetro das plantas verdes e das fibras em 2002 e 2003 (quadro 4.1.2).

Quadro 4.1.2 Diâmetros da planta verde, da vara e da fibra de CVL-1 afectados pelas fontes de sementes em 2002 e 2003

Treatment (Seed sources)	Green plant diameter (mm plant^{-1})	Stick diameter (mm plant^{-1})	Fibre diameter (mm plant^{-1})
Year 2002			
BJRI	14.63a	13.55a	1.06a
BADC	14.05b	13.09b	0.91b
Farmer (Manikganj)	11.29d	10.49e	0.86bc
Farmer (Kishoreganj)	12.02c	11.16d	0.85bc
Local market	11.92c	11.25c	0.79c
Level of significance	0.01	0.01	0.01
Year 2003			
BJRI	14.76a	13.73a	1.03a
BADC	13.96b	12.99b	0.98ab
Farmer (Manikganj)	11.48e	10.61e	0.87c
Farmer (Kishoreganj)	11.98d	11.06d	0.93bc
Local market	12.40c	11.52c	0.88c
Level of significance	0.01	0.01	0.01

Numa coluna, os números com letra(s) comum(ns) não diferem significativamente entre si por DMRT a um nível de probabilidade de 1%.

Ali *et al.* (1970) referiram que a juta branca (C-6 e D-154) plantada em março apresentava uma taxa de crescimento mais rápida e um rendimento de fibras mais elevado do que as plantadas mais cedo ou mais tarde. Talukder *et al.* (1979) efectuaram um ensaio comparativo sobre o crescimento e a produção de fibras das variedades melhoradas de juta branca, nomeadamente D-154, CVL-1, CC-45 e CVE, em cultura em vaso em Dhaka. Observaram diferenças consideráveis entre as variedades, tanto no que respeita ao crescimento como ao rendimento das plantas[-1] . Newaz e Wahhab (1980) referiram que não havia diferença significativa no rendimento para 120 e 130 dias de campo. Também se observou que o desempenho da CVL-1 foi melhor em todos os locais.

4.5.2 Experiência 4.2
Efeito das fontes de sementes na fibra e noutros componentes do rendimento de 0-9897

O estande da planta, a altura da planta, o diâmetro da base, o rendimento em fibras e em varas da 0-9897 variaram significativamente devido às diferentes fontes de sementes durante 2002 (Quadro 4.2.1). O estande da planta, a altura da planta, o diâmetro da base e o rendimento da vara das sementes BJRI e BADC foram estatisticamente semelhantes, exceto o rendimento da fibra. O maior estande de plantas, altura de plantas, diâmetro de base, rendimento de fibras e de varas foram registados nas sementes BJRI. O estande da planta nas sementes dos agricultores de Rangpur, enquanto a altura da planta, o diâmetro da base e o rendimento em fibras nas sementes dos agricultores de Faridpur foram comparativamente mais baixos. No entanto, o rendimento em varas é o mais baixo de todas as fontes de sementes (Quadro 4.2.1).

No 0-9897, as diferenças entre as fontes de sementes foram significativas no caso do estande da planta, altura da planta, diâmetro da base, rendimento de fibras e de varas durante 2003 (Quadro 4.2.1). O estande da planta, a altura da planta, o diâmetro da base, o rendimento em fibras e o rendimento em palitos foram mais elevados nas sementes BJRI. Para estes efeitos, as sementes BADC foram estatisticamente semelhantes às sementes BJRI, exceto o rendimento em fibras. No entanto, o estande de plantas e o diâmetro de base mais baixos foram observados nas sementes dos agricultores de Rangpur, juntamente com a altura de plantas mais baixa, o rendimento em fibras e em varas foram observados nas sementes dos agricultores de Faridpur durante 2003 (Quadro 4.2.1).

Tabela 4.2.1. Rendimento em fibras e em varas; e outros caracteres que contribuem para o rendimento da 0-9897 como afectados pelas fontes de sementes durante 2002 e 2003

Treatment (Seed sources)	Plant stand (m^2)	Plant height (m)	Base diameter (mm)	Fibre yield (t ha^{-1})	Stick yield (t ha^{-1})
Year 2002					
BJRI	26.67a	3.36a	17.67a	2.60a	4.99
BADC	25.00ab	3.21ab	16.93a	2.31b	4.61
Farmer (Faridpur)	23.67b	2.77c	13.21c	1.92d	4.02
Farmer (Rangpur)	20.00c	3.06b	14.16bc	2.17bc	4.22
Local market	23.00b	3.12b	15.20b	2.11c	3.72
Level of significance	0.01	0.01	0.01	0.01	NS
Year 2003					
BJRI	29a	3.58a	18.24a	2.77a	5.04a
BADC	28ab	3.46a	18.05a	2.64b	4.85a
Farmer (Faridpur)	16cd	2.78c	14.69c	1.79d	3.77c
Farmer (Rangpur)	25d	2.98b	14.11c	1.88cd	4.00bc
Local market	27bc	2.92bc	15.91b	1.97c	4.25b
Level of significance	0.01	0.01	0.01	0.01	0.01

Numa coluna, os números com letra(s) comum(ns) não diferem significativamente entre si por DMRT a um nível de probabilidade de 1%.

Em 2002, as fontes de sementes mostraram diferenças significativas para os diâmetros da planta verde, da vara e da fibra^{-1} de 0-9897 em 2002 (Quadro 4.2.2). Os maiores diâmetros de planta verde, vara e fibra foram observados na semente BJRI. No caso do diâmetro da planta verde, as sementes da BJRI e da BADC apresentaram resultados semelhantes. Pelo contrário, os diâmetros mais baixos da planta verde e do galho^{-1} foram observados nas sementes dos agricultores de Faridpur. Mais uma vez, as sementes do mercado produziram as plantas com menor diâmetro de fibra^{-1} . Além disso, as sementes dos agricultores dos dois locais diferiram significativamente nos diâmetros da planta verde e da vara. Contudo, o diâmetro da fibra era semelhante nas sementes dos agricultores dos dois locais (quadro 4.2.2). Em 2003, os diâmetros da planta verde, da vara e da fibra da planta^{-1} de O- 9897 diferiram significativamente devido às fontes de sementes (Quadro 4.2.2). Os maiores diâmetros de planta verde, de vara e de fibra foram registados nas sementes BJRI. No entanto, as sementes BADC mostraram indiferenças em relação às sementes BJRI no que respeita ao diâmetro do caule. Os diâmetros mais baixos da planta verde e do pau foram registados nas sementes dos agricultores de Faridpur. O diâmetro da fibra mais baixo foi observado nas sementes do mercado. As sementes dos agricultores de Rangpur eram semelhantes às sementes do mercado no que respeita ao diâmetro do pau e da fibra (quadro 4.2.2).

Islam *et al.* (2002) estudaram diferentes categorias (semente de reprodutor, semente de fundação, semente certificada e semente de agricultor) de sementes de juta para pureza, viabilidade, vigor, rendimento de fibra verde e seca de 0-9897 e CVL-1. O diâmetro da base, o rendimento de fibras verdes e secas foram afectados significativamente devido às categorias de sementes. Observou-se uma tendência decrescente da produção de fibras numa ordem: semente de reprodutor > semente de fundação > semente de agricultor.

Quadro 4.2.2. Diâmetro da planta verde, da vara e da fibra de 0-9897 afetado pelas fontes de sementes em 2002 e 2003

Treatment (Seed sources)	Green plant diameter (mm plant^{-1})	Stick diameter (mm plant^{-1})	Fibre diameter (mm plant^{-1})
Year 2002			
BJRI	12.33a	11.44a	1.10a
BADC	12.21a	11.15b	0.98b
Farmer (Faridpur)	8.66d	7.83e	0.85c
Farmer (Rangpur)	10.04c	9.15d	0.85c
Local market	10.65b	9.92c	0.77d
Level of significance	0.01	0.01	0.01
Year 2003			
BJRI	13.17a	12.00a	1.16a
BADC	12.07b	11.06ab	1.01b
Farmer (Faridpur)	9.25e	7.03c	0.88c
Farmer (Rangpur)	10.43d	9.52b	0.90c
Local market	10.75c	9.88b	0.86c
Level of significance	0.01	0.01	0.01

Numa coluna, os números com letra(s) comum(ns) não diferem significativamente entre si por DMRT a um nível de probabilidade de 1%.

4.6.1 Experiência 5.1
Efeito das fontes de sementes na semente e noutros componentes do rendimento da CVL-1 em diferentes métodos de produção de sementes

A altura da planta e o diâmetro da base da CVL-1 foram significativamente afectados pelas fontes de sementes durante 2002 e 2003 (Quadro 5.1.1). As sementes BJRI e BADC mostraram semelhança na altura da planta. No entanto, para o diâmetro da base, houve uma diferença significativa. A maior e a menor altura de planta foram observadas nas sementes da BJRI e nas sementes do mercado local, respetivamente. O maior e o menor diâmetro da base também foram observados nas fontes de sementes do BJRI e do mercado local, respetivamente. O estande de plantas não diferiu significativamente durante 2002 e 2003 devido às fontes de sementes (Tabela 5.1.1). No entanto, a altura da planta e o diâmetro da base foram significativamente afectados pelos métodos de produção (Quadro 5.1.2). A estatura das plantas na sementeira convencional foi superior à da sementeira melhorada/tardia (quadro 5.1.2).

É evidente que as plantas com sementeira convencional atingiram maior estatura, porque, neste caso, as sementes foram semeadas em abril de 2002 e no outro método as sementes foram semeadas em agosto de 2002. Sohel (2002) referiu que, sendo a juta uma planta fotossensível e de dias curtos, sempre que é plantada entre março e junho, floresce entre agosto e setembro, e depois o seu crescimento vegetativo, especialmente o crescimento do caule principal, pára. Assim, a altura e o diâmetro da base das plantas de ambos os métodos foram influenciados pelo foto-período natural e, por conseguinte, diferiram em conformidade.

Quadro 5.1.1 Caracteres de crescimento da planta CVL-1 afectados pelas fontes de sementes em 2002 e 2003

Treatment (Seed sources)	Plant stand (m^2)	Plant height (m)	Base diameter (mm)
Year 2002			
BJRI	24	2.12	16.74a
BADC	24	2.04	15.87b
Farmer (Manikganj)	23	1.90	13.53c
Farmer (Kishoreganj)	22	1.99	13.68c
Local market	23	1.86	13.21d
Level of significance	NS	NS	0.01
Year 2003			
BJRI	23	2.27a	17.26a
BADC	23	2.17a	16.05b
Farmer (Manikganj)	21	1.80b	13.35d
Farmer (Kishoreganj)	22	1.77c	13.48d
Local market	21	1.80b	14.23c
Level of significance	NS	0.01	0.01

Numa coluna, os números com letra(s) comum(ns) não diferem significativamente entre si ao nível de 1% de probabilidade. NS= Não significativo.

Tabela 5.1.2. Caracteres de crescimento de plantas de CVL-1 afectados pelos métodos de produção durante 2002 e 2003

Treatment (Production methods)	Plant stand (m^2)	Plant height (m)	Base diameter (mm)
Year 2002			
Conventional method	22	2.69a	15.75a
Improved method	24	1.28b	13.46b
Level of significance	NS	0.01	0.01
Year 2003			
Conventional method	20	2.57a	15.71a
Improved method	22	1.35b	13.96b
Level of significance	NS	0.01	0.01

Numa coluna, os números com letra(s) comum(ns) não diferem significativamente entre si ao nível de 1% de probabilidade. NS= Não significativo.

Planta de ramos[-1] , planta de vagem[-1] , vagem de semente[-1] , planta de peso de semente[-1] , peso de mil sementes e rendimento de semente de CVL-1 diferiram significativamente para diferentes fontes de semente durante 2002 e 2003 (Tabela 5.1.3). As sementes do BJRI e do BADC tiveram as pontuações mais altas do que as sementes dos agricultores e do mercado em relação a estes parâmetros. No entanto, as sementes BJRI tiveram a planta de ramos mais alta[-1] , planta de vagem[-1] , vagem de semente[-1] , planta de peso de semente[-1] , peso de mil sementes e rendimento de semente. Os valores mais baixos, em contraste, foram observados nas sementes dos agricultores de Manikgonj e Kishoregonj (Quadro 5.1.3).

A planta de ramos[-1] , a planta de vagem[-1] , a vagem de sementes[-1] , a planta de peso de sementes[-1] , o peso de mil sementes e o rendimento de sementes da CVL-1 diferiram significativamente devido ao método de produção e o método melhorado produziu maior planta de ramos[-1] , planta de vagem , vagem de sementes[-1-1] , planta de peso de sementes[-1] , peso de mil sementes e rendimento de sementes do que o método convencional (Tabela 5.1.4). O método melhorado produziu (32,13 sementes vagem[-1]) mais do que o convencional (27,67 sementes vagem[-1]). O método melhorado também mostrou sua superioridade em relação ao método convencional para peso de sementes da planta[-1] , peso de 1000 sementes e rendimento de sementes (Tabela 5.1.4).

A altura da planta em 2002 e a altura da planta e o diâmetro da base em 2003 da CVL-1 foram afectados pelas interacções entre o método de produção e a fonte de sementes (Quadro 5.1.5). A altura da planta e o diâmetro da base de todas as fontes de sementes sob o método melhorado foram inferiores aos do método convencional. A altura da planta e o diâmetro da base mais elevados foram observados nas sementes BJRI e BADC do método convencional, tanto em 2002 como em 2003. Em contraste, a altura da planta e o diâmetro da base mais baixos foram observados nas sementes dos agricultores de ambos os locais e nas sementes do mercado sob o método melhorado (Quadro 5.1.5).

Tabela 5.1.3. Semente e outros caracteres que contribuem para a produção de CVL-1 como afectados pela semente

fontes durante 2002 e 2003

Traetment (Seed sources)	Branch Plant^{-1}	Pod plant^{-1}	Seeds pod^{-1}	Seed weight plant^{-1} (g)	1000 seed weight (g)	Seed yield (kg ha^{-1})
			Year 2002			
BJRI	3.23a	41.71a	33.83a	3.53a	3.42a	565.00a
BADC	3.16a	40.92a	32.17b	3.44a	3.32a	539.50b
Farmer (Manikganj)	2.95c	32.85d	27.00d	2.91c	2.84c	454.17d
Farmer (Kishoreganj)	2.95c	35.14c	27.83cd	3.09c	2.96bc	469.50c
Local market	3.02b	36.57b	28.67c	3.17b	3.04b	461.67cd
Level of significance	0.01	0.01	0.01	0.01	0.01	0.01
			Year 2003			
BJRI	3.26	43.11a	35.50a	3.59a	3.45a	564.67a
BADC	3.20	41.53a	34.00b	3.46a	3.36a	552.33a
Farmer (Manikganj)	2.99	34.04c	29.17d	2.96c	2.87c	449.67c
Farmer (Kishoreganj)	3.07	36.02b	30.00d	3.10b	2.97c	460.65bc
Local market	3.08	37.31b	31.00c	3.19b	3.08b	473.17b
Level of significance	NS	0.01	0.01	0.01	0.01	0.01

Numa coluna, os números com letra(s) comum(ns) não diferem significativamente entre si ao nível de 1% de probabilidade. NS= Não significativo.

Tabela 5.1.4. Sementes e outros caracteres que contribuem para a produção de CVL-1 afectados por

métodos de produção em 2002 e 2003

Treatment (Production methods)	Branch Plant[-1]	Pod Plant[-1]	Seeds pod[-1]	Seed weight plant[-1] (g)	1000 seed weight (g)	Seed yield (kg ha[-1])
Year 2002						
Conventional method	2.41b	33.49b	27.67b	2.70b	2.99b	413.33b
Improved method	3.71a	41.39a	32.13a	3.75a	3.24a	582.60a
Level of significance	0.01	0.01	0.01	0.01	0.01	0.01
Year 2003						
Conventional method	2.46	33.24b	29.80b	2.68b	3.03b	416.60b
Improved method	3.77	43.56a	34.07a	3.83a	3.27a	583.60a
Level of significance	NS	0.01	0.01	0.01	0.01	0.01

Numa coluna, os números com letra(s) comum(ns) não diferem significativamente entre si ao nível de 1% de probabilidade. NS= Não significativo

A planta de ramos[-1] , a planta de vagens , a vagem de sementes[-1-1] , a planta de peso de sementes[-1] , o peso de mil sementes e o rendimento de sementes da CVL-1 variaram significativamente devido ao efeito de interação do método de produção e da fonte de sementes durante 2002. No entanto, em 2003, todos os parâmetros foram afectados, exceto a planta de ramos[-1] e a vagem de sementes[-1] (Quadro 5.1.6). A planta de ramos[-1] , a planta de vagens[-1] , a vagem de sementes[-1] , a planta de peso de sementes[-1] , o peso de mil sementes e o rendimento de sementes de todas as fontes de sementes sob o método melhorado foram superiores aos do método convencional. Estes resultados indicam que o efeito dos métodos de produção foi mais dominante do que o das fontes de sementes no rendimento das sementes e nos caracteres que contribuem para o rendimento. A planta de ramos mais alta[-1] , planta de vagens[-1] , vagem de sementes[-1] , planta de peso de sementes[-1] , peso de mil sementes e rendimento de sementes foram encontrados na semente BJRI seguida pela semente BADC sob método de produção melhorado. Os parâmetros mostraram valores mais baixos em todas as fontes de sementes sob o método convencional de produção de sementes durante 2002 e 2003 (Tabela 5.1.6).

Tabela 5.1.5.	Interação entre métodos de produção e fontes de sementes nos caracteres de crescimento das plantas de CVL-1 durante 2002 e 2003

Interaction (Production methods and seed sources)		Plant stand (m^2)	Plant height (m)	Base diameter (mm)
Year 2002				
Conventional method	BJRI	24	2.84a	18.48
	BADC	23	2.77a	17.53
	Farmer (Manikganj)	23	2.61a	14.49
	Farmer (Kishoreganj)	22	2.77a	14.23
	Local market	23	2.44a	14.03
Improved method	BJRI	24	1.41b	14.99
	BADC	23	1.31b	14.22
	Farmer (Manikganj)	24	1.18b	12.58
	Farmer (Kishoreganj)	23	1.22b	13.13
	Local market	23	1.28b	12.39
Level of significance		NS	0.05	NS
Year 2003				
Conventional method	BJRI	22	2.99a	18.93a
	BADC	23	2.84a	17.54a
	Farmer (Manikganj)	22	2.37a	13.85c
	Farmer (Kishoreganj)	21	2.31a	13.90c
	Local market	23	2.35a	14.33bc
Improved method	BJRI	24	1.55b	15.60b
	BADC	23	1.49b	14.56b
	Farmer (Manikganj)	23	1.24b	12.84c
	Farmer (Kishoreganj)	22	1.23b	13.06c
	Local market	23	1.25b	13.72bc
Level of significance		NS	0.01	0.01

Numa coluna, os números com letra(s) comum(ns) não diferem significativamente entre si ao nível de 1% de probabilidade. NS= Não significativo.

Tabela 5.1.6. Interação entre métodos de produção e fontes de sementes em sementes e outros caracteres que contribuem para a produção de CVL-1 durante 2002 e 2003

Interaction (Production methods and seed sources)		Branch Plant^{-1}	Pod Plant^{-1}	Seeds Pod^{-1}	Seed weight Plant^{-1} (g)	1000 seed weight (g)	Seed yield (kg ha^{-1})
Year 2002							
Conventional method	BJRI	2.53c	36.16c	32.33b	2.85c	3.26a	475.00c
	BADC	2.50c	35.99c	30.00b	2.81c	3.16b	457.33c
	Farmer (Manikganj)	2.37c	30.27d	24.33c	2.51d	2.73c	365.00d
	Farmer (Kishoreganj)	2.27d	32.02d	25.33c	2.63d	2.85d	385.00d
	Local market	2.39c	33.03cd	26.33c	2.70cd	2.96c	384.33d
Improved method	BJRI	3.93a	47.25a	35.33a	4.21a	3.57a	655.00a
	BADC	3.82a	45.85a	34.33a	4.07a	3.48b	621.67a
	Farmer (Manikganj)	3.52b	35.43c	29.67b	3.30c	2.96c	543.33b
	Farmer (Kishoreganj)	3.63a	38.27c	30.33b	3.54b	3.06d	554.00a
	Local market	3.66a	40.12b	31.00b	3.63b	3.13c	539.00b
Level of significance		0.01	0.01	0.01	0.01	0.01	0.01
Year 2003							
Conventional method	BJRI	2.59	37.29c	33.67	2.88c	3.30b	481.00c
	BADC	2.54	36.41c	31.67	2.83c	3.23b	469.67c
	Farmer (Manikganj)	2.34	29.88d	27.33	2.48d	2.73c	365.33d
	Farmer (Kishoreganj)	2.45	30.64d	27.67	2.58d	2.87d	382.33cd
	Local market	2.43	31.98d	28.65	2.64c	2.99d	384.67cd
Improved method	BJRI	3.92	48.93a	37.33	4.30a	3.60a	648.33a
	BADC	3.86	46.64a	36.33	4.08a	3.48a	635.00a
	Farmer (Manikganj)	3.64	38.03c	31.00	3.45b	3.00c	534.00b
	Farmer (Kishoreganj)	3.70	41.39b	32.33	3.62b	3.07c	539.00b
	Local market	3.74	42.34b	33.33	3.73b	3.17b	561.67b
Level of significance		NS	0.05	NS	0.01	0.05	0.01

Numa coluna, os números com letra(s) comum(ns) não diferem significativamente entre si ao nível de 1% de probabilidade. NS= Não significativo.

4.6.2 Experiência 5.2

Efeito das fontes de sementes na semente e noutros componentes do rendimento do 0-9897 em diferentes métodos de produção de sementes

A altura da planta e o diâmetro da base da 0-9897 foram significativamente afectados pelas fontes de sementes para ambos os anos, 2002 e 2003 (Quadro 5.2.1). As sementes BJRI e BADC apresentaram uma altura de planta semelhante. No entanto, para o diâmetro da base houve uma diferença significativa. As alturas de plantas mais altas e mais baixas foram observadas nas sementes da BJRI e nas sementes do mercado local, respetivamente. O diâmetro da base mais alto

e o mais baixo também foram encontrados nas sementes do BJRI e nas sementes dos agricultores

de Faridpur, respetivamente (Quadro 5.2.1).

Quadro 5.2.1 Caracteres de crescimento da planta 0-9897 afectados pelas fontes de sementes em
2002 e 2003

Treatment (Seed sources)	Plant stand (m^2)	Plant height (m)	Base diameter (mm)
Year 2002			
BJRI	24	2.13a	14.74a
BADC	24	2.04a	14.02b
Farmer (Faridpur)	22	1.85b	12.00d
Farmer (Rangpur)	21	1.86b	12.29c
Local market	20	1.82b	12.17c
Level of significance	NS	0.01	0.01
Year 2003			
BJRI	21	2.21a	15.38a
BADC	20	2.09a	14.44b
Farmer (Faridpur)	20	1.80b	12.33c
Farmer (Rangpur)	20	1.80b	11.91c
Local market	21	1.78b	12.23c
Level of significance	NS	0.01	0.01

Numa coluna, os números com letra(s) comum(ns) não diferem significativamente entre si ao
nível de 1% de probabilidade. NS= Não significativo.

A altura da planta e o diâmetro da base da 0-9897 também foram significativamente afectados

pelos métodos de produção (Quadro 5.2.2). A estatura das plantas registada no método

convencional foi superior à do método melhorado. É inevitável que as plantas do método

convencional atinjam maior estatura, porque, nesta prática, as sementes foram semeadas em

abril de 2002, enquanto no outro método foi em agosto (Quadro 5.2.2).

Quadro 5.2.2 Caracteres de crescimento da planta 0-9897 afectados pelos métodos de produção
em 2002 e 2003

Treatment (Production methods)	Plant stand (m^2)	Plant height (m)	Base diameter (mm)
Year 2002			
Conventional method	20	2.60a	13.64a
Improved method	23	1.28b	12.45b
Level of significance	NS	0.01	0.01
Year 2003			
Conventional method	19	2.56a	14.42a
Improved method	21	1.32b	12.10b
Level of significance	NS	0.01	0.01

Numa coluna, os números com letra(s) comum(ns) não diferem significativamente entre si ao nível de 1% de probabilidade. NS= Não significativo

Planta de ramos[-1] , planta de vagens[-1] , vagem de sementes[-1] , planta de peso de sementes[-1] , peso de mil sementes e rendimento de sementes de 0-9897 diferiram significativamente para diferentes fontes de sementes durante 2002 e 2003 (Quadro 5.2.3). As sementes do BJRI e do BADC tiveram os registos mais elevados do que os das sementes dos agricultores e do mercado local. A planta de ramos[-1] , a planta de vagens[-1] , a vagem de sementes[-1] , a planta de peso de sementes[-1] , o peso de mil sementes e o rendimento de sementes foram os mais elevados nas sementes BJRI. Os valores mais baixos para esses parâmetros foram encontrados nas sementes dos agricultores de Faridpur e Rangpur (Tabela 5.2.3).

A planta de ramos[-1] , a planta de vagens[-1] , a vagem de sementes[-1] , a planta de peso de sementes[-1] , o peso de mil sementes e o rendimento de sementes de 0-9897 diferiram significativamente devido ao método de produção (Quadro 5.2.4). O método melhorado produziu plantas com mais ramos[-1] , plantas com vagens[-1] , vagens com sementes[-1] , plantas com peso de sementes[-1] , peso de mil sementes e rendimento de sementes em comparação com o método convencional (Quadro 5.2.4).

Tabela 5.2.3. Sementes e outros caracteres que contribuem para a produção do 0-9897 como afectados pelas fontes de sementes durante 2002 e 2003

Treatment (Seed sources)	Branches Plant^{-1}	Pods plant^{-1}	Seeds pod^{-1}	Seed weight plant^{-1} (g)	1000 seed weight (g)	Seed yield (kg ha^{-1})
Year 2002						
BJRI	3.33a	44.79a	209.17a	19.24a	1.72a	701.50a
BADC	3.25a	44.30a	206.50a	19.00a	1.65a	703.17a
Farmer (Faridpur)	2.78c	37.27d	176.17d	17.05d	1.45c	564.83c
Farmer (Rangpur)	2.89c	38.98c	178.83c	17.53c	1.53b	562.33c
Local market	3.01b	40.50b	183.33b	17.78b	1.56b	581.00b
Level of significance	0.01	0.01	0.01	0.01	0.01	0.01
Year 2003						
BJRI	3.48a	45.61a	215.33a	20.28a	1.83a	726.17a
BADC	3.35a	44.30a	211.33a	19.32b	1.74b	702.67a
Farmer (Faridpur)	2.90c	38.93d	182.50d	17.70cd	1.56d	556.83c
Farmer (Rangpur)	2.95c	40.45c	186.33c	17.26d	1.62c	572.50c
Local market	3.12b	42.60b	190.00b	18.14c	1.64c	604.17b
Level of significance	0.01	0.01	0.01	0.01	0.01	0.01

Numa coluna, os números com letra(s) comum(ns) não diferem significativamente entre si ao nível de 1% de probabilidade. NS= Não significativo

Tabela 5.2.4. Sementes e outros caracteres que contribuem para o rendimento da 0-9897 afectados pelos métodos de produção durante 2002 e 2003

Treatment (Production methods)	Branches Plant^{-1}	Pods plant^{-1}	Seeds pod^{-1}	Seed weight plant^{-1} (g)	1000 seed weight (g)	Seed yield (kg ha^{-1})
Year 2002						
Conventional method	2.33b	35.91b	179.73b	14.67b	1.47b	484.80b
Improved method	3.77a	46.43a	201.87a	21.57a	1.69a	760.33a
Level of significance	0.01	0.01	0.01	0.01	0.01	0.01
Year 2003						
Conventional method	2.40b	37.22b	184.07b	14.75b	1.55b	509.13b
Improved method	3.92a	47.54a	210.13a	22.33a	1.80a	755.80a
Level of significance	0.01	0.01	0.01	0.01	0.01	0.01

Numa coluna, os números com letra(s) comum(ns) não diferem significativamente entre si e do DMRT ao nível de 1% de probabilidade. NS= Não significativo.

As plantas do método de sementeira melhorado/tardio floresceram e deram frutos a partir do início de outubro. Nesta altura, as plantas deste método permaneciam verdes, o que certamente contribuiu para um maior grau de assimilação de hidratos de carbono e para um desenvolvimento acelerado dos frutos e das sementes. Assim, as sementes deste método apresentam um maior grau de acumulação de hidratos de carbono e um peso unitário mais elevado. Pelo contrário, as plantas do método de sementeira convencional, plantadas em abril, devido à permanência prolongada no campo, foram afectadas por calamidades naturais, como o granizo, doenças e insectos nocivos, tornando-se fisiologicamente fracas e pálidas. Estas plantas produziram naturalmente menos fotossintatos, assimilaram menos e, por conseguinte, o desenvolvimento das vagens e das sementes não ocorreu corretamente, o que resultou num peso de 1000 sementes comparativamente mais baixo.

Normalmente, a bifurcação da copa da planta ocorre no momento da indução do botão floral. A ramificação também ocorre quando o topo da planta é ferido devido à tempestade de granizo e ao ataque de pragas de insectos na fase inicial. Caracteres de crescimento da planta como a altura da planta, o diâmetro da base, a planta dos ramos^{-1}, embora não ajudem diretamente a aumentar o rendimento das sementes, ainda assim fornecem um coeficiente de correlação muito elevado e positivo com o rendimento das sementes, particularmente para a cultura de sementes de juta no final da estação. A altura da planta também deu um valor de coeficiente de correlação elevado e positivo com o número de ramos da planta^{-1} (Khan *et al.*, 1997; Talukder e Hossain, 1989). Hossain *et al.* (1999) afirmaram que uma maior estatura da planta e um maior número de ramos da planta^{-1} proporcionam pontos de produção de vagens mais elevados, o que, consequentemente, aumenta a configuração das vagens e aumenta o rendimento das sementes. Para aumentar a produção de sementes em épocas tardias ou com métodos melhorados para a cultura de sementes de juta, é importante uma gestão intensiva numa fase inicial. Hossain (1999) e Hossain *et al.* (1999) sugeriram que, para a cultura de sementes de juta em épocas tardias ou com um método de sementeira melhorado/tardio, devem ser tomadas medidas de gestão intensiva nas fases iniciais de crescimento, de modo a que as plantas atinjam uma altura razoável antes do início da fase reprodutiva.

As plantas de juta plantadas em épocas mais tardias permanecem atrofiadas em termos de crescimento, apresentam ramificações profusas, induzem flores na fase juvenil da cultura, aumentam o desenvolvimento das vagens e produzem maior rendimento de sementes Choudhuri e Ali (1962); Hossain *et al.* (1994c); e Khan *et al.* (1997). Paralelamente, Hossain *et al.* (1999) referiram que as culturas de juta plantadas no final do verão beneficiavam de um fotoperíodo curto, tornavam-se raquíticas, induziam flores na fase juvenil da cultura e aumentavam a formação de vagens. Além disso, as sementes destas culturas atingiram uma maturidade fisiológica adequada, devido às folhas verdes abundantes na floração e à formação de vagens durante a fase juvenil da cultura, que produziu muito fotossintato, fornecido adequadamente ao sumidouro, o que ajudou substancialmente a aumentar o peso de 1000 sementes e o rendimento das sementes.

Em 2002, o diâmetro da base de 0-9897 foi afetado significativamente pela interação entre o método de produção e a fonte de sementes. No entanto, o estande e a altura das plantas não foram significativos. A altura da planta e o diâmetro da base de todas as fontes de sementes sob o método de sementeira melhorado/tardio foram inferiores aos do método de sementeira convencional. As sementes BJRI apresentaram a maior altura de planta e diâmetro de base tanto no método convencional como no método de sementeira melhorado/tardio. Em contrapartida, a altura e o diâmetro mais baixos foram observados nas sementes de mercado do método de sementeira convencional e nas sementes dos agricultores do método de sementeira melhorado/tardio. Em 2003, a altura da planta e o diâmetro da base diferiram significativamente devido à interação e o estande da planta não foi significativo (quadro 5.2.5).

A planta de ramo[-1] , a planta de vagem , a vagem de sementes[-1-1] , a planta de peso de sementes[-1] , o peso de mil sementes e o rendimento de sementes de 0-9897 variaram significativamente devido ao efeito da interação entre o método de produção e a fonte de sementes (Quadro 5.2.6). A planta de ramos[-1] , a planta de vagens[-1] , a vagem de sementes[-1] , a planta de peso de sementes[-1] , o peso de mil sementes e o rendimento de sementes de todas as fontes de sementes sob sementeira melhorada/tardia foram superiores aos da sementeira convencional, tanto em 2002 como em 2003. Estes resultados indicaram que o efeito dos métodos de produção foi mais dominante do que as fontes de sementes no rendimento de sementes e nos caracteres que contribuem para o rendimento de 0-9897. O maior rendimento de sementes foi produzido em sementes BJRI por semeadura melhorada/tardia de produção de sementes seguida por sementes BADC. O menor rendimento de sementes foi encontrado nas sementes dos agricultores de Rangpur em 2002 e nas sementes dos agricultores de Faridpur em 2003, produzidas pelo método de sementeira convencional (Quadro 5.2.6).

Islam *et al.* (2005) relataram que o método de corte no topo deu o maior rendimento de sementes de 738 kg ha^{-1} em *Corchorus capsularis* L. e 913 kg ha^{-1} em *Corchorus olitorius* L. em comparação com o método convencional (467 kg ha^{-1}) em *Corchorus capsularis* L. e 529 kg ha^{-1} em *Corchorus olitorius* L. e suas diferenças foram altamente significativas. O método de sementeira tardia deu um rendimento estatisticamente semelhante de 715 kg ha^{-1} em *Corchorus capsularis* L. e 869 kg ha^{-1} em *Corchorus olitorius* L. ao corte superior. Independentemente dos métodos de plantio, as variedades CVL-1 e CVE-3 de *Corchorus capsularis* L. e 0-9897 e 0M-1 de *Corchorus olitorius* L. produziram rendimentos de sementes estatisticamente semelhantes. O efeito da interação entre o método de produção de sementes e a variedade foi significativo no que diz respeito à planta da vagem^{-1} , à vagem da semente^{-1} , ao peso da semente da planta^{-1} , ao peso de 1000 sementes e ao rendimento da semente, exceto a planta do ramo^{-1} . Todas as variedades sob os métodos de corte superior e de sementeira tardia produziram rendimentos de sementes muito mais elevados em comparação com os seus rendimentos correspondentes sob o método convencional da técnica de produção de sementes.

Quadro 5.2.5. Interação entre métodos de produção e fontes de sementes em diferentes plantas caracteres de crescimento de 0-9897 durante 2002 e 2003

Interaction (Production methods and seed sources)		Plant stand (m^2)	Plant height (m)	Base diameter (mm)
Year 2002				
Conventional method	BJRI	24	2.83	15.93a
	BADC	23	2.76	15.07a
	Farmer (Faridpur)	23	2.52	12.11c
	Farmer (Rangpur)	24	2.50	12.75c
	Local market	23	2.39	12.34c
Improved method	BJRI	25	1.42	13.55b
	BADC	24	1.32	12.96c
	Farmer (Faridpur)	25	1.18	11.88d
	Farmer (Rangpur)	24	1.23	11.84d
	Local market	24	1.25	12.00c
Level of significance		NS	NS	0.05
Year 2003				
Conventional method	BJRI	24	2.92a	16.99a
	BADC	23	2.75a	15.96a
	Farmer (Faridpur)	24	2.37b	13.01b
	Farmer (Rangpur)	23	2.41b	13.29b
	Local market	23	2.32b	12.83c
Improved method	BJRI	26	1.51c	13.77b
	BADC	25	1.43c	12.92b
	Farmer (Faridpur)	24	1.23d	11.64c
	Farmer (Rangpur)	25	1.19d	10.53d
	Local market	24	1.25d	11.63d
Level of significance		NS	0.05	0.01

Numa coluna, os números com letra(s) comum(ns) não diferem significativamente entre si ao nível de 1% de probabilidade. NS= Não significativo.

Quadro 5.2.6. Interação entre métodos de produção e fontes de sementes em sementes e outros caracteres que contribuem para o rendimento de 0-9897 em 2002 e 2003

Interaction (Production methods and seed sources		Branches Plant^{-1}	Pods plant^{-1}	Seeds pod^{-1}	Seed weight Plant^{-1} (g)	1000 seed weight (g)	Seed yield (kg ha^{-1})
Year 2002							
Conven-tional method	BJRI	2.53c	39.42c	194.00b	15.30c	1.58b	542.67d
	BADC	2.46c	39.06c	190.33b	15.07c	1.50c	537.33d
	Farmer (Faridpur)	2.14d	32.17d	169.67d	13.90d	1.34d	451.00e
	Farmer (Rangpur)	2.22d	33.43d	171.00c	14.40d	1.46d	435.00e
	Local market	2.31c	35.63d	173.66c	14.67d	1.48bd	458.00e
Improved method	BJRI	4.12a	50.34a	224.33a	23.19a	1.85a	869.00a
	BADC	4.05a	49.54a	222.67a	22.94a	1.80a	860.33a
	Farmer (Faridpur)	3.42b	42.37b	182.67c	20.19b	1.56c	678.67c
	Farmer (Rangpur)	3.57b	44.54b	186.65b	20.66b	1.61b	689.66bc
	Local market	3.71a	45.38b	193.00b	20.88b	1.63b	704.00b
Level of significance		0.01	0.01	0.01	0.01	0.01	0.01
Year 2003							
Conven-tional method	BJRI	2.58d	40.31bc	196.33bc	15.93c	1.66c	567.00d
	BADC	2.50d	38.33c	194,00c	15.24c	1.59cd	544.00d
	Farmer (Faridpur)	2.22e	34.49d	174.00d	13.84e	1.45d	460.67e
	Farmer (Rangpur)	2.28e	35.47d	177.00d	14.25d	1.52d	473.33be
	Local market	2.44d	37.50d	179.00d	14.48d	1.54cd	500.67d
Improved method	BJRI	4.39a	50.92a	234.33a	24.63a	1.99a	885.31a
	BADC	4.20a	50.27a	228.67a	23.40a	1.89a	861.26a
	Farmer (Faridpur)	3.57c	43.37b	191.00c	21.55b	1.66c	653.00c
	Farmer (Rangpur)	3.61b	45.43b	195.67bc	20.25b	1.72b	671.66c
	Local market	3.81b	47.70b	201.00b	21.81b	1.74b	707.56b
Level of significance		0.01	0.01	0.01	0.01	0.01	0.01

Numa coluna, os números com letra(s) comum(ns) não diferem significativamente entre si ao nível de 1% de probabilidade. NS= Não significativo.

4.7 Estudo de correlação

4.7.1 Relação entre alguns atributos de qualidade de sementes de CVL-1 e 0-9897 de diferentes origens

O estudo de correlação entre a qualidade da semente e os caracteres da planta para a fibra e o rendimento da semente é importante, pois ajuda a identificar a qualidade da semente importante e os caracteres da planta que têm efeito direto ou indireto na qualidade da semente e no rendimento da cultura. O coeficiente de correlação para a qualidade da semente, a emergência no campo e os caracteres de rendimento de diferentes fontes de sementes de juta foram estimados separadamente para CVL-1 e 0-9897 e os resultados são apresentados nos Quadros 6.1.1 a 6.5.2.

Os resultados revelaram que o coeficiente de correlação entre a humidade, a germinação, o vigor das sementes e o coeficiente de germinação com a humidade, a germinação, o vigor das sementes, o coeficiente de germinação, a germinação após 48 horas, a pureza, os agentes patogénicos das sementes, a emergência e a emergência relativa e a capacidade de sobrevivência em condições de campo e de estufa foram muito elevados e, na sua maioria, negativos com o teor de humidade das sementes, o que indicou que, subsequentemente, a qualidade das sementes e os caracteres das plântulas diminuíram com o aumento gradual da humidade das sementes, tanto para a CVL-1 como para a 0-9897. O coeficiente de correlação da germinação com todos os outros caracteres de qualidade da semente, pureza, patógenos e emergência foi alto e positivo, exceto para dois patógenos (*Colletotrichum corchori* (CC) e saprófitas). Foram observadas relações muito baixas no vigor da semente e no coeficiente de germinação com todos os outros caracteres de qualidade da semente, pureza, patógenos e emergência (Tabela 6.1.1 e 6.1.2). Peretti *et al.* (1992) relataram, em sementes de girassol, que a germinao padro e o teste de tetrazólio superestimaram o desempenho no campo, enquanto os testes de frio e de envelhecimento acelerado foram os mais correlacionados com a emergncia no campo.

Tabela 6.1.1. Relação entre alguns atributos de qualidade de sementes CVL-1 de diferentes fontes

	Moisture	Germination	Seed vigour	Coefficient of germination
Moisture	1			
Germination	-0.83**	1		
Vigour	-0.90**	0.53*	1	
Coefficient of germination	-0.69**	0.19	0.93**	1
Germination after 48 hr.	-0.91**	0.53*	0.98**	0.92**
Purity	-0.92**	0.87**	0.79**	0.56*
MP patho	0.83**	0.80**	-0.75**	-0.54*
BT	0	0	0	0
CC	0.76**	-0.90**	-0.54*	-0.25
Saprophyte	0.84**	-0.60*	-0.91**	-0.81**
Green house emergence	-0.83**	0.81**	0.74**	0.52*
Survivability	-0.90**	0.83**	0.81**	0.60**
Relative emergence	-0.74**	0.66**	0.73**	0.58**
Field emergence	-0.85**	0.86**	0.73**	0.49*
Survivability	-0.87**	0.84**	0.77**	0.54*
Relative emergence	-0.81**	0.75**	0.76**	0.56*

*Significativo ao nível de 0,05.

** Significativo ao nível de 0,01.

MP= *Macrophomina phaseolina*, BT= *Botryodiplodia theobromae*, CC= *CoUetotrichum corchori*.

Tabela 6.1.2. Relação entre alguns atributos de qualidade de sementes 0-9897 de diferentes origens

	Moisture	Germination	Seed vigour	Coefficient of germination
Moisture	1			
Germination	-0.93**	1		
Vigour	-0.77**	0.88**	1	
Coefficient of germination	0.62**	-0.50*	-0.51*	1
Germination after 48 hr.	-0.51*	0.77**	0.87**	-0.08**
Purity	-0.86**	0.82**	0.90**	0.60*
MP patho	-0.86**	0.92**	0.98**	0.81**
BT	-0.97**	0.98**	0.85**	0.68**
CC	0.64*	-0.77**	-0.50*	-0.64*
Saprophyte	0.73**	-0.82**	-0.98**	-0.82**
Green house emergence	0.44*	-0.72**	-0.69**	-0.88**
Survivability	0.85**	-0.90**	-0.98**	-0.77**
Relative emergence	-0.83**	0.92**	0.99**	0.84**
Field emergence	-0.86**	0.92**	0.98**	0.80**
Survivability	-0.67**	0.75**	0.96**	0.79**
Relative emergence	-0.83**	0.90**	0.99**	0.82**

*Significativo ao nível de 0,05.

** Significativo ao nível de 0,01.

MP= *Macrophominaphaseolina*, BT= *Botryodiplodia theobromae*, CC= *CoUetotrichum corchori*.

4.7.2 Relação entre pureza e patógenos de sementes com atributos de emergência de sementes CVL-1 e 0-9897 de diferentes fontes

O coeficiente de correlação entre pureza, patógenos de sementes e atributos de emergência de sementes CVL-1 e 0-9897 de diferentes fontes foi muito alto e positivo. No entanto, foi negativo com os agentes patogénicos, indicando que o aumento gradual dos agentes patogénicos das sementes diminuirá a pureza das sementes, a emergência, a emergência relativa e a capacidade de sobrevivência das plântulas em condições de campo e de estufa (Tabelas 6.2.1 e 6.2.2).

Tabela 6.2.1. Relação entre pureza e patógenos de sementes com atributos de emergência de sementes CVL-1 de diferentes fontes

	Purity	*Macrophomina phaseolina*	*Botridiplodia theobromea*	Coletotricum corchori	Saprophyte
Purity	1				
MP patho	-0.98**	1			
BT	0	0	1		
CC	-0.93**	0.94**	0	1	
Saprophyte	-0.91**	0.92**	0	0.74**	1
Green house emergence	0.97**	-0.98**	0	-0.93**	-0.91**
Survivability	0.99**	-0.99**	0	-0.92**	-0.93**
Relative emergence	0.91**	-0.98**	0	-0.86**	-0.94**
Field emergence	0.98**	-0.99**	0	-0.95**	-0.88**
Survivability	0.98**	-0.99**	0	-0.94**	-0.91**
Relative emergence	0.96**	-0.99**	0	-0.90**	-0.92**

*Significativo ao nível de 0,05.

** Significativo ao nível de 0,01.

MP= *Macrophominaphaseolina*, BT= *Botryodip!odia theobromae*, CC= *Colletotrichum corchori*.

Tabela 6.2.2. Relação entre pureza e patógenos de sementes com atributos de emergência de sementes 0-9897 de diferentes fontes

	Purity	*Macrophomina phaseolina*	*Botridiplodia theobromea*	Coletotricum Corchori	Saprophyte
Purity	1				
MP patho	-0.36	1			
BT	-0.93**	-0.95**	1		
CC	-0.36	-0.76**	0.60*	1	
Saprophyte	-0.95**	-0.97**	0.99**	0.62*	1
Green house emergence	0.93**	0.98**	-0.98**	-0.65**	-0.98**
Survivability	0.95**	0.97**	-0.99**	-0.62*	-0.98**
Relative emergence	0.92**	0.92**	-0.98**	-.052*	-0.93**
Field emergence	0.94**	0.98**	-0.99**	-0.64*	-0.99**
Survivability	0.95**	0.98**	-0.99**	-0.63*	-0.99**
Relative emergence	0.92**	0.91**	-0.99**	-0.50*	-0.94**

1Significativo ao nível de 0,05.

1 Significativo ao nível de 0,01.

MP= *Macrophominaphaseolina*, BT= *Botryodiplodia theobromae*, CC= *CoUetotrichum corchori*

4.7.3 Relação entre atributos de emergência de sementes CVL-1 e 0-9897 de diferentes origens

O coeficiente de correlação entre a emergência no campo e em casa de vegetação, a emergência relativa e a capacidade de sobrevivência das plântulas de CVL-1 e 0-9897 de diferentes fontes foram muito altos e positivos. Isso significa que o aumento gradual de todos os atributos de emergência aumentaria todos os outros subsequentemente (Tabela 6.3.1 e 6.3.2).

Tabela 6.3.1. Relação entre atributos de emergência de sementes CVL-1 de diferentes fontes

	Green house emergence	Surviva-bility	Relative emergence	Field emergence	Survivab-ility
Green house emergence	1				
Survivability	0.98**	1			
Relative emergence	0.97**	0.94**	1		
Field emergence	0.99**	0.99**	0.94**	1	
Survivability	0.99**	0.99**	0.95**	0.99**	1
Relative emergence	0.99**	0.97**	0.98**	0.98**	0.99**

* Significativo ao nível de 0,05.
* * Significativo ao nível de 0,01.

Tabela 6.3.2. Relação entre atributos de emergência de sementes 0-9897 de diferentes origens

	Green house emergence	Surviva-bility	Relative emergence	Field emergence	Surviva-bility
Green house emergence	1				
Survivability	0.99**	1			
Relative emergence	0.95**	0.94**	1		
Field emergence	0.99**	0.99**	0.95**	1	
Survivability	0.99**	0.99**	0.94**	0.99**	1
Relative emergence	0.94**	0.93**	0.99**	0.95**	0.94**

1 Significativo ao nível de 0,05.

1 Significativo ao nível de 0,01.

4.7.4 Relação entre a fibra e outros atributos de rendimento com a qualidade da semente, atributos de emergência de sementes CVL-1 e 0-9897 de diferentes fontes

Os coeficientes de correlação dos caracteres das plantas para o rendimento em fibras, humidade, germinação, vigor das sementes e coeficiente de germinação com a humidade, germinação, vigor das sementes, coeficiente de germinação, germinação após 48 horas, pureza, agentes patogénicos das sementes, emergência e emergência relativa e capacidade de sobrevivência em condições de campo e de estufa de diferentes fontes de sementes foram muito elevados e positivos. No entanto, os coeficientes de correlação dos agentes patogénicos das sementes e da humidade das sementes foram negativos e também elevados. Isto indicou que os caracteres da planta, a qualidade da semente e os caracteres de emergência com o aumento gradual da humidade da semente e dos agentes patogénicos da semente para ambas as sementes CVL-1 e 0-9897 (Tabela 6.4.1 e 6.4.2).

4.7.5 Relação entre sementes e outros atributos de rendimento com outros atributos de qualidade de sementes, emergência de sementes CVL-1 e 0-9897 de diferentes fontes

O coeficiente de correlação dos caracteres vegetais para a produção de sementes, humidade, germinação, vigor das sementes e coeficiente de germinação com a humidade, germinação, vigor das sementes, coeficiente de germinação, germinação após 48 horas, pureza, agentes patogénicos das sementes, emergência e emergência relativa no campo e na estufa e capacidade de sobrevivência de diferentes fontes de sementes foram muito elevados e positivos. No entanto, os coeficientes de correlação dos agentes patogénicos das sementes e da humidade das sementes com todos os atributos acima mencionados foram negativos e também elevados. Isto indicou que os caracteres da planta, a qualidade da semente e os caracteres de emergência diminuíram com o aumento gradual da humidade da semente e dos agentes patogénicos da semente, tanto para a semente CVL-1 como para a 0-9897. Planta de ramos[-1] , planta de vagens[-1] , vagem de sementes[-1] , planta de peso de sementes[-1] , peso de 1000 sementes e rendimento de sementes diminuíram com o aumento do teor de humidade da semente e dos patógenos da semente tanto para CVL-1 como para 0-9897 (Tabelas 6.5.1 e 6.5.2).

Khan (1995) referiu a correlação entre o rendimento das sementes de juta e os caracteres das plantas da cultura de sementes na estação tardia. O número de ramos da planta[-1] , embora não contribua diretamente para o rendimento das sementes, mas a ramificação profusa oferece enormes pontos de produção de vagens, o que, consequentemente, ajuda a aumentar o número de vagens da planta[-1] e, eventualmente, o peso das sementes. Estes resultados sugerem que a manipulação agronómica para aumentar o número de ramos da planta[-1] pode melhorar o rendimento das sementes. Hossain e Wahhab (1980b), Talukder e Hossain (1989) e Khan (1995) também registaram uma contribuição positiva dos ramos para a produção de sementes de juta.

Hossain *et al.* (1994) referiram a relação entre "agentes patogénicos e capacidade de germinação das sementes" e "saprófitas e capacidade de germinação das sementes" e mostraram que a germinação das sementes diminui drasticamente devido a taxas mais elevadas de fungos patogénicos e saprófitas.

O "número de vagens por planta^{-1}" contribui normalmente de forma positiva para a produção de sementes, exceto se produzir grãos não cheios. O coeficiente de correlação altamente positivo entre o "número de vagens por planta^{-1}" e o "peso das sementes por planta^{-1}" indica a sua contribuição positiva para a produção de sementes. Talukder e Hossain (1989) também registaram uma correlação positiva e elevada entre o número de vagens da planta^{-1} e o rendimento de sementes da cultura de sementes de juta. O peso de 1000 sementes depende da maturidade fisiológica das sementes e é uma indicação de uma medida qualitativa e quantitativa dos atributos das sementes. Se as sementes de juta atingirem a maturidade fisiológica correcta, contribuem positivamente para o rendimento das sementes (Talukder e Hossain, 1989). Os resultados do presente estudo estão em conformidade com todos os resultados acima referidos.

Normalmente, o peso de 1000 sementes apresenta uma correlação muito elevada com a percentagem de germinação e também com o vigor das sementes (velocidade de germinação), a não ser que as sementes percam a viabilidade e o vigor durante a colheita e o processamento devido a condições climatéricas adversas. No presente estudo, o coeficiente de correlação do peso de 1000 sementes com a percentagem de germinação e o vigor das sementes foi significativamente positivo. A percentagem de germinação e o vigor das sementes são atributos complementares das sementes.

Os estudos de correlação indicaram que o número de ramos da planta^{-1} e o número de vagens da planta^{-1} bem como as sementes da vagem^{-1} constituem os componentes centrais da produção de sementes. Assim, devem ser adoptadas práticas de gestão adequadas para melhorar estes atributos de rendimento das sementes, a fim de aumentar o rendimento das sementes de juta. O peso das mil sementes apresentou uma correlação positiva com o peso das sementes da planta^{-1} e com os atributos de qualidade das sementes. Por conseguinte, estes atributos também devem ser melhorados através de práticas agronómicas adequadas. No entanto, o peso de 1000 sementes pode ser melhorado colhendo as sementes na maturidade fisiológica correcta.

Tabela 6.4.1. Relação entre fibra e outros atributos de rendimento com qualidade de sementes e atributos de emergência de sementes CVL-1 de diferentes fontes

	Plant Height	Base Diameter	Fibre yield	Stick yield	Stick diameter	Fibre diameter
Plant height	1					
Base diameter	0.96**	1				
Fibre yield	0.99**	0.94**	1			
Stick yield	0.97**	0.98**	0.96**	1		
Fibre diameter	0.98**	0.97**	0.97**	0.98**	1	
Stick diameter	0.92**	0.96**	0.91**	0.93**	0.89**	1
Seed yield	0.99**	0.94**	0.98**	0.96**	0.99**	0.87**
Moisture	-0.97**	-0.92**	-0.97**	-0.93**	-0.91**	-0.95**
Germination	0.89**	0.95**	0.86**	0.91**	0.91**	0.91**
Vigour	0.83**	0.71**	0.87**	0.77**	0.75**	0.74**
Germination after 48 hr.	0.81**	0.69**	0.85**	0.74**	0.71**	0.77**
Purity	0.98**	0.94**	0.98**	0.96**	0.99**	0.85**
MP patho	-0.93**	-0.87**	-0.93**	-0.91**	-0.96**	-0.75**
BT	0	0	0	0	0	0
CC	-0.89**	-0.9**0	-0.8**6	-0.90**	-0.95**	-0.77**
Saprophyte	-0.87**	-0.75**	-0.90**	-0.82**	-0.85**	-0.67**
Green house emergence	0.92**	0.90**	0.92**	0.94**	0.96**	0.77**
Survivability	0.97**	0.92**	0.97**	0.96**	0.98**	0.83**
Relative emergence	0.84**	0.78**	0.85**	0.85**	0.89**	0.63**
Field emergence	0.94**	0.93**	0.94**	0.96**	0.98**	0.82**
Survivability	0.95**	0.92**	0.95**	0.96**	0.98**	0.81**
Relative emergence	0.90**	0.86**	0.90**	0.92**	0.94**	0.73**

1Significativo ao nível de 0,05.

1 Significativo ao nível de 0,01.

MP= *Macrophominaphaseolina*, BT= *Botryodiplodia theobromae,* CC= *Colletotrichum corchori...*

Tabela 6.4.2.Relação entre fibra e outros atributos de rendimento com qualidade de sementes e atributos de emergência de sementes 0-9897 de diferentes fontes

	Plant Height	Base diameter	Fibre yield	Stick yield	Stick diameter	Fibre diameter
Plant height	1					
Base diameter	0.94**	1				
Fibre yield	0.98**	0.95**	1			
Stick yield	0.94**	0.91**	0.98**	1		
Fibre diameter	0.97**	0.92**	0.92**	0.84**	1	
Stick diameter	0.87**	0.82**	0.93**	0.97**	0.74**	1
Seed yield	0.96**	0.99**	0.98**	0.95**	0.92**	0.88**
Moisture	-0.85**	-0.87**	-0.92**	-0.97**	-0.72**	-0.97**
Germination	0.94**	0.81**	0.93**	0.93**	0.87**	0.90**
Vigour	0.64**	0.79**	0.74**	0.79**	0.52*	0.79**
Germination after 48 hr.	0.60*	0.73**	0.71**	0.79**	0.45*	0.81**
Purity	0.86**	0.97**	0.86**	0.80**	0.87**	0.70**
MP patho	-0.94**	-0.99**	-0.94**	-0.88**	-0.93**	-0.78**
BT	-0.92	-0.94**	-0.88**	-0.78**	-0.97**	-0.68**
CC	-0.9**8	-0.92**	-0.94**	-0.88**	-0.98**	-0.78**
Saprophyte	-0.77**	-0.93**	-0.82**	-0.80**	-0.74**	-0.72**
Green house emergence	0.95**	0.99**	0.94**	0.88**	0.95**	0.79**
Survivability	0.95**	0.99**	0.97**	0.93**	0.92**	0.86**
Relative emergence	0.86**	0.96**	0.85**	0.77**	0.89**	0.66*
Field emergence	0.97**	0.99**	0.97**	0.92**	0.96**	0.84**
Survivability	0.96**	0.99**	0.96**	0.91**	0.94**	0.83**
Relative emergence	0.92**	0.98**	0.92**	0.85**	0.93**	0.76**

1   Significativo ao nível de 0,05.

2   1 Significativo ao nível de 0,01.

MP= *Macrophomina phaseolina*, BT= *Botryodiplodicı theobromae,* CC= *Colletotrichum corchori...*

Tabela 6.5.1. Relação entre sementes e outros atributos de rendimento com qualidade de sementes e atributos de emergência de sementes CVL-1 de diferentes fontes

	Branches plant^{-1}	Pod Plant^{-1}	Seeds pod^{-1}	Seed wt. plant^{-1}	1000 seed wt.	Seed yield
Branches plant^{-1}	1					
Pods plant^{-1}	0.88**	1				
Seeds pod^{-1}	0.94**	0.92**	1			
Seed wt. plant^{-1}	0.96**	0.98**	0.94**	1		
1000 seed wt	0.96**	0.98**	0.96**	0.99**	1	
Seed yield	0.93**	0.96**	0.99**	0.97**	0.98**	1
Moisture	-0.93**	-0.81**	-0.98**	-0.88**	-0.90**	-0.93**
Germination	0.81**	0.89**	0.87**	0.88**	0.90**	0.89**
Vigour	0.86**	0.64**	0.86**	0.74**	0.75**	0.80**
Germination after 48 hr.	0.82**	0.56**	0.85**	0.69**	0.71**	0.76**
Purity	0.93**	0.97**	0.97**	0.98**	0.99**	0.99**
MP patho	-0.9**	-0.98**	-0.93**	-0.97**	-0.96**	-0.97**
BT	0	0	0	0	0	0
CC	-0.82**	-0.99**	-0.87**	-0.95**	-0.95**	0.93**
Saprophyte	-0.88**	-0.82**	-0.89**	-0.87**	-0.86**	-0.89**
Green house emergence	0.93**	0.98**	0.92**	0.98**	0.98**	0.96**
Survivability	0.95**	0.97**	0.97**	0.99**	0.98**	0.99**
Relative emergence	0.88**	0.92**	0.84**	0.93**	0.91**	0.89**
Field emergence	0.94**	0.99**	0.94**	0.99**	0.99**	0.97**
Survivability	0.95**	0.98**	0.94**	0.99**	0.98**	0.97**
Relative emergence	0.93**	0.95**	0.90**	0.97**	0.96**	0.94**

1 Significativo ao nível de 0,05

1 Significativo ao nível de 0,01

Tabela 6.5.2. Relação entre sementes e outros atributos de rendimento com qualidade de sementes e atributos de emergência de sementes 0-9897 de diferentes fontes

	Branch/plant	Pod/plant	Seed/pod	Seed wt./plant	1000 seed wt.	Seed yield
Branch/plant	1					
Pod/plant	0.99**	1				
Seed/pod	0.98**	0.97**	1			
Seed wt/plant	0.97**	0.96**	0.99**	1		
1000 seed wt	0.92**	0.89**	0.91**	0.92**	1	
Seed yield	0.98**	0.97**	0.99**	0.99**	0.91**	1
Moisture	-0.85**	-0.82**	-0.93**	-0.93**	-0.82**	-0.91**
Germination	0.85**	0.82**	0.88**	0.89**	0.97**	0.87**
Vigour	0.73**	0.71**	0.80**	0.79**	0.55*	0.79**
Germination after 48 hr.	0.66**	0.64**	0.76**	0.76**	0.52*	0.75**
Purity	0.95**	0.96**	0.91**	0.90**	0.76**	0.93**
MP patho	-0.99**	-0.99**	-0.97**	-0.96**	-0.86**	-0.98**
BT	-0.96**	-0.96**	-0.88**	-0.88**	-0.87**	-0.91**
CC	-0.96**	-0.96**	-0.93**	-0.94**	-0.95**	-0.93**
Saprophyte	-0.89**	-0.89**	-0.89**	-0.88**	-0.66**	-0.90**
Green house emergence	0.99**	0.99**	0.96**	0.96**	0.89**	0.97**
Survivability	0.99**	0.98**	0.98**	0.98**	0.89**	0.99**
Relative emergence	0.96**	0.96**	0.89**	0.89**	0.77**	0.92**
Field emergence	0.99**	0.98**	0.97**	0.97**	0.93**	0.98**
Survivability	0.99**	0.99**	0.97**	0.97**	0.91**	0.98**
Relative emergence	0.98**	0.98**	0.94**	0.94**	0.85**	0.96**

1 Significativo ao nível de 0,05

1 Significativo ao nível de 0,01

CAPÍTULO 5

RESUMO E CONCLUSÃO

Nove experiências , das quais uma laboratório sobre a qualidade das sementes e o vigor , quatro

Durante o período de maio de 2001 a fevereiro de 2004, foram efectuadas duas experiências em estufa e no campo sobre a emergência e o estabelecimento, duas sobre o rendimento em fibras e duas sobre o rendimento em sementes, a fim de avaliar o efeito das sementes de juta colhidas de diferentes fontes. As experiências de laboratório foram efectuadas no laboratório de Agronomia, Divisão de Agronomia do Instituto de Investigação da Juta do Bangladesh (BJRI), Daca. As experiências de emergência e estabelecimento foram efectuadas na estufa do BJRI, Dhaka e na Estação Experimental de Agricultura de Juta (JAES), Manikganj. As experiências de determinação da produção de fibras e sementes foram efectuadas na JAES, Manikganj. Cinco fontes diferentes foram o BJRI, a Bangladesh Agricultural Development Corporation (BADC), agricultores de dois locais diferentes e o mercado local. Os locais de recolha das sementes do agricultor e do mercado local eram diferentes. A juta var. CVL-1 e a var. 0-9897 foram utilizadas como materiais de estudo para *C. capsularis* L. e *C. olitorius* L., respetivamente. Para a CVL-1, os locais de recolha de sementes foram Manikganj e Kishoreganj e para a 0-9897 foram Faridpur e Rangpur. Em todos os casos, foram efectuadas experiências separadas para ambas as variedades de juta. Nas experiências de produção de sementes, foram seguidos dois métodos de produção de sementes. Um método convencional em que as sementes foram semeadas no mês de maio para ambas as variedades e outro método melhorado em que as sementes foram semeadas em julho para a CVL-1 e em agosto para a 0-9897. Todas as experiências de estufa e de campo foram repetidas durante dois anos para confirmação. Todas as experiências de laboratório foram conduzidas de acordo com um desenho completamente aleatório com cinco repetições e; as experiências de estufa e de campo foram conduzidas de acordo com um desenho de blocos completos aleatórios com três repetições. A análise estatística foi efectuada em conformidade.

A experiência 1 foi realizada para avaliar os atributos de qualidade, nomeadamente o teor de humidade, a pureza, o peso de 1000 sementes, a germinação, o índice de vigor e a presença de agentes patogénicos das sementes de juta recolhidas de diferentes fontes de sementes. Os resultados mostraram que a humidade mais elevada das sementes aumentou a sua deterioração, o que reduziu o valor de plantação das sementes. A humidade mais elevada foi obtida em sementes de mercado de CVL-1 e em sementes de agricultores de Faridpur de 0-9897. O teor de humidade mais elevado nas sementes de juta dos agricultores e do mercado local deveu-se a um período de secagem e a condições de armazenamento deficientes. As sementes do BJRI e do BADC continham um teor de humidade inferior ao das sementes dos agricultores e do mercado local. O baixo teor de humidade das sementes do BJRI e do BADC deveu-se a uma secagem ao sol e a condições de armazenamento adequadas. Isto indica o melhor valor de plantação das sementes do BJRI e do BADC. A percentagem de sementes puras variou significativamente devido às diferentes fontes de recolha de sementes. As sementes puras foram mais elevadas para ambas as espécies nas sementes BJRI, seguidas pelas sementes BADC. A pureza mais elevada foi encontrada nas sementes BJRI CVL-1 e nas sementes BADC. As matérias inertes foram mais elevadas nas sementes dos agricultores, o que reduziu a percentagem de pureza das sementes. A percentagem de germinação diferiu significativamente devido às fontes de sementes. A taxa de germinação de diferentes sementes variou muito em função das fontes de sementes para ambas as espécies. Verificou-se que as sementes de juta começaram a germinar num dia e a maioria das sementes (>70%) germinou no segundo dia. A maior germinação foi observada nas sementes BJRI seguidas das sementes BADC para ambas as espécies. Em geral, as sementes de CVL-1 são maiores do que as de 0-9897. O peso de 1000 sementes da BADC, dos agricultores e das sementes do mercado local foram estatisticamente idênticos, exceto as sementes da BJRI. Foi observado um peso inferior de 1000 sementes nas sementes BJRI e BADC. Os pesos de sementes mais elevados foram encontrados nas sementes dos agricultores de dois locais e nas sementes do mercado local. O índice de vigor das diferentes fontes de sementes de CVL-1 e 0-9897 variou significativamente. O maior índice de vigor foi observado nas sementes BJRI de ambas as espécies. As percentagens de germinação após 24 horas foram cerca de 50 a 65% de sementes em CVL-1 e 25 a 35% de sementes em 0-9897. Após 48 horas, o número máximo (cerca de 70%) de sementes de ambas as espécies completou a sua germinação. O coeficiente de germinação das sementes CVL-1 e 0-9897 diferiu significativamente devido às fontes de sementes. As fontes de sementes variaram significativamente quanto à presença de agentes patogénicos para ambas as espécies. A presença de agentes patogénicos nas fontes de sementes dos agricultores foi maior. As sementes do BJRI não apresentaram qualquer agente patogénico em ambas as espécies. As sementes BADC continham vestígios de agentes patogénicos. A maior percentagem de *M. phaseolina* estava presente nas sementes dos agricultores e do mercado local de CVL-1 e a menor em 09897. *Colletotrichum corchori* estava presente nas sementes dos agricultores e do mercado local da CVL-1. Os agentes patogénicos mais elevados foram encontrados nas sementes de Kishoreganj. Em ambas as espécies, a presença de agentes patogénicos variou significativamente devido às fontes de sementes.

A experiência 2.1 foi planeada para avaliar o efeito de diferentes fontes de sementes CVL-1 na emergência em condições de estufa e de campo. As percentagens de emergência e de sobrevivência das fontes de sementes diferiram significativamente em ambos os anos. A maior emergência e a maior capacidade de sobrevivência no campo foram observadas em condições de estufa em 2002 e os resultados correspondentes foram registados em 2003 para as sementes BJRI. As sementes BADC apresentaram resultados semelhantes às sementes BJRI, exceto em condições de campo. Entre as fontes de sementes, foi encontrada maior capacidade de sobrevivência nas sementes da BJRI e da BADC. Em 2002, as sementes da BJRI apresentaram a maior emergência relativa em casa de vegetação e em campo. No que respeita à emergência, o desempenho das sementes BADC foi muito próximo das sementes BJRI em ambos os anos, 2002-2003. Em casa de vegetação, o peso seco das plântulas e o comprimento dos rebentos diferiram significativamente entre as fontes de sementes em ambos os anos. No entanto, o comprimento da raiz não foi significativamente afetado pelas fontes de sementes em 2002. O peso seco mais elevado das plântulas foi encontrado nas sementes BJRI, tal como nas sementes BADC. O comprimento do rebento foi o maior na semente do BJRI, foi semelhante ao do BADC. O rácio raiz-raiz foi o mais elevado nas sementes dos agricultores de Manikgonj. Durante 2003, o peso seco das plântulas e o comprimento dos rebentos diferiram significativamente entre as fontes de sementes em condições de estufa. O maior peso seco de plântulas foi encontrado nas sementes BJRI. O comprimento do rebento foi mais elevado nas sementes BJRI, sendo estatisticamente igual ao das sementes BADC. No entanto, o comprimento do rebento das sementes BADC foi indiferente nas sementes dos agricultores de Kishoregonj. O rácio raiz/parte aérea foi o mais elevado nas sementes dos agricultores de Manikgonj. Em condições de campo, o peso seco das plântulas, o comprimento dos rebentos e das raízes variaram significativamente consoante as fontes de sementes. O peso seco das plântulas, o comprimento dos rebentos e das raízes mais elevados foram observados nas sementes BJRI, semelhantes às sementes BADC. O comprimento da raiz também foi semelhante ao das sementes dos agricultores de Kishoregonj e das sementes do mercado. Em condições de campo, o rácio raiz/parte aérea foi mais elevado nas sementes dos agricultores de Kishoregonj e Manikgonj, seguindo-se as sementes do BJRI, do mercado e do BADC em 2002. Contudo, em 2003, o peso seco das plântulas, o comprimento dos rebentos e das raízes variaram consoante as fontes de sementes em condições de campo. Os atributos mostraram a mesma tendência de 2002. O rácio raiz/raiz foi o mais elevado nas sementes dos agricultores de Manikgonj, seguido de Kishoreganj.

A experiência 2.2 foi conduzida para determinar o efeito das fontes de sementes de 0-9897 na emergência em condições de estufa e de campo. As percentagens de emergência e sobrevivência das fontes de sementes 0-9897 diferiram significativamente em 2002 e 2003. A emergência e a capacidade de sobrevivência mais elevadas no campo registaram-se em condições de estufa em 2002. Além disso, em 2003, a semelhança foi observada para as sementes BJRI. As sementes BADC apresentaram resultados iguais aos das sementes BJRI, exceto a emergência em estufa em 2002. Entre as fontes de sementes, verificou-se uma maior capacidade de sobrevivência das sementes BJRI e BADC em condições de campo durante 2003. Em 2002, a germinação relativa de campo mais elevada em condições de estufa e de campo foi observada nas sementes BJRI. A germinação relativa no campo das sementes BADC foi muito próxima da BJRI. Em condições de estufa, o peso seco das plântulas e o comprimento dos rebentos e das raízes variaram significativamente consoante as fontes de sementes em 2002. O peso seco das plântulas e o comprimento dos rebentos mais elevados observados nas sementes da BJRI foram semelhantes aos da BADC. O maior comprimento de raiz foi observado nas sementes dos agricultores de Rangpur, estatisticamente iguais às sementes BJRI. O rácio raiz/parte aérea mais elevado foi observado nas sementes dos agricultores da fonte de Rangpur. Durante 2003, o peso seco das plântulas e o comprimento dos rebentos diferiram significativamente entre as fontes de sementes. Em condições de campo, o peso seco das plântulas, o comprimento dos rebentos e das raízes variaram significativamente entre as fontes de sementes também em 2002. O peso seco das plântulas e o comprimento dos rebentos mais elevados observados no BJRI, foram semelhantes aos das sementes do BADC. O comprimento da raiz mais elevado foi observado nas sementes dos agricultores de Rangpur, sendo semelhante a todas as outras fontes de sementes, exceto as sementes do mercado, em 2002. O rácio raiz/parte aérea calculado foi o mais elevado nas sementes dos agricultores de Rangpur. Em 2003, o peso seco das plântulas e o comprimento dos rebentos diferiram significativamente consoante as fontes de sementes, mas o comprimento da raiz foi estatisticamente indiferente. O peso seco das plântulas mais elevado foi observado nas sementes do BJRI e, em contrapartida, o mais baixo foi registado nas sementes dos agricultores de Rangpur. Em termos de peso seco das plântulas, as sementes do BADC e da fonte de mercado tiveram pesos semelhantes. O rácio de enraizamento foi mais elevado nas sementes dos agricultores de Rangpur.

A experiência 3.1 foi planeada para avaliar o efeito de diferentes fontes de sementes de CVL-1 no estabelecimento das plantas em condições de estufa e de campo. Em condições de casa de vegetação, a altura da planta, o diâmetro da base e o comprimento da raiz diferiram significativamente entre as fontes de sementes em ambos os anos. A altura da planta, o diâmetro da base e o comprimento da raiz mais elevados foram observados para as sementes BJRI, sendo semelhantes aos das sementes BADC. Independentemente das fontes de sementes, sob condições de estufa, a altura da planta, o diâmetro da base e o comprimento da raiz variaram significativamente para diferentes idades de plântulas durante 2002 e 2003. Foi observado um aumento cronológico na altura da planta, diâmetro da base e comprimento da raiz com o aumento da idade da muda de 30 para 60 dias, com um intervalo de 10 dias. A interação entre as fontes de sementes e a idade das plântulas afectou significativamente a altura das plantas, o diâmetro da base e o comprimento da raiz da CVL-1 em condições de estufa. Em condições de campo, a altura da planta, o diâmetro da base e o comprimento da raiz da CVL-1 foram influenciados significativamente tanto em 2002 como em 2003. A altura da planta, o diâmetro da base e o comprimento da raiz mais elevados foram observados para as sementes BJRI, sendo muito próximos dos das sementes BADC (exceto o diâmetro da base). Independentemente das fontes de sementes, a idade da plântula mostrou variações significativas para a altura da planta, diâmetro da base e comprimento da raiz. A interação entre as fontes de sementes e a idade das plântulas de CVL-1 afectou significativamente a altura das plantas, o diâmetro da base e o comprimento da raiz. Em condições de estufa, observaram-se variações significativas nos pesos secos do caule e da raiz entre as fontes de sementes de CVL-1 em 2002 e 2003. Os pesos secos do caule e da raiz foram os mais elevados nas sementes BJRI, seguidos por BADC e todas as outras fontes de sementes. Independentemente das fontes de sementes, a idade das plântulas diferiu significativamente no que diz respeito aos pesos secos do caule e da raiz em ambos os anos, 2002 e 2003. Na interação entre as fontes de sementes e a idade das plântulas, observaram-se diferenças significativas nos pesos secos do caule e da raiz. Em condições de campo, também foram encontradas variações significativas para o peso seco do caule e da raiz entre as fontes de sementes, tanto em 2002 como em 2003. Valores semelhantes dos atributos foram observados nas sementes do BJRI e do BADC. Os pesos secos do caule e da raiz foram os mais elevados nas sementes BJRI, seguidas pelas sementes BADC. Independentemente das fontes de sementes, a idade das plântulas afectou significativamente os pesos secos do caule e da raiz. Foram observados aumentos graduais nos pesos secos do caule e da raiz com o aumento gradual da idade das plântulas. As interacções entre as fontes de sementes e a idade das plântulas afectaram significativamente os pesos secos do caule e da raiz em 2002 e 2003.

A experiência 3.2 foi conduzida para avaliar o efeito de diferentes fontes de sementes de 0-9897 no estabelecimento de plantas em condições de estufa e de campo. Em condições de casa de vegetação, a altura da planta, o diâmetro da base e o comprimento da raiz variaram significativamente para as fontes de sementes em 2002 e 2003. Independentemente das fontes de sementes, a altura da planta, o diâmetro da base e o comprimento da raiz diferiram significativamente para as diferentes idades das mudas. A interação entre as fontes de sementes e a idade das plântulas influenciou significativamente a altura da planta, o diâmetro da base e o comprimento da raiz. Em condições de campo, as fontes de sementes afectaram significativamente a altura da planta, o diâmetro da base e o comprimento da raiz de 0-9897, tanto em 2002 como em 2003. A maior altura de planta, diâmetro de base e comprimento de raiz foram observados nas sementes BJRI. Em contrapartida, as alturas de planta mais baixas foram registadas nas sementes dos agricultores de Faridpur em 2002 e de Rangpur em 2003, respetivamente. Independentemente das fontes de sementes, a idade das plântulas influenciou significativamente a altura da planta, o diâmetro da base e o comprimento da raiz. Os atributos mais elevados foram obtidos aos 60 dias de idade das plântulas. A maior altura de planta, diâmetro de base e comprimento de raiz observados para a fonte BJRI com 60 dias de idade de plântula, foi seguida pelas sementes BADC. Em condições de casa de vegetação, foram observadas variações significativas no peso seco do caule e da raiz entre as fontes de sementes, tanto em 2002 como em 2003. As fontes BJRI e BADC apresentaram resultados estatisticamente indiferentes para ambos os anos. As interacções entre as fontes de sementes e a idade das plântulas variaram significativamente para os pesos secos do caule e da raiz em 2002 e 2003. Os maiores pesos secos de caule e raiz foram observados nas sementes BJRI com 60 dias de idade das plântulas. Em condições de campo, foram observadas variações significativas nas fontes de sementes para os pesos secos do caule e da raiz de 0-9897 durante 2002 e 2003. Foi observada uma semelhança estatística entre as sementes do BJRI e do BADC para os pesos secos do caule e da raiz. Independentemente das fontes de sementes, as idades das plântulas afectaram significativamente os pesos secos do caule e da raiz em 2002 e 2003. A interação entre a fonte de sementes e a idade das plântulas afectou significativamente os pesos secos do caule e da raiz, tanto em 2002 como em 2003.

A experiência 4.1 foi conduzida para determinar o efeito de diferentes fontes de sementes de CVL-1 na produção de fibras e seus componentes. O estande da planta, a altura da planta, o diâmetro da base, a produção de fibras e a produção de colmos variaram significativamente devido às fontes de sementes em 2002 e 2003. O maior estande de plantas e altura de plantas foram encontrados nas sementes BJRI e BADC. O diâmetro da base, o rendimento em fibras e o rendimento em varas mais elevados foram registados nas sementes do BJRI, seguidos das sementes do BADC. Os registos mais baixos de altura de planta, diâmetro de base, fibra e rendimento de vara foram observados nas sementes dos agricultores de Manikgonj. O diâmetro verde da planta, o diâmetro da vara e o diâmetro da fibra de *C. capsularis* L.
variou significativamente entre as fontes de sementes em ambos os anos. O maior diâmetro de planta verde, diâmetro de vara e diâmetro de fibra foram encontrados na semente BJRI, seguida pela BADC. Os valores mais baixos dos parâmetros foram produzidos pelas sementes dos agricultores de Manikganj.

A experiência 4.2 foi conduzida para descobrir o efeito de diferentes fontes de sementes de O-9897 no rendimento de fibras e seus componentes. O estande da planta, a altura da planta, o diâmetro da base, o rendimento em fibra e o rendimento em vara variaram significativamente devido às diferentes fontes de sementes em 2002 e 2003. O estande da planta, a altura da planta, o diâmetro da base e o rendimento da vara foram estatisticamente idênticos nas sementes BJRI e BADC, exceto o rendimento da fibra. O maior estande de plantas, altura de plantas, diâmetro de base, fibra e rendimento de vara foram registados na semente BJRI. O estande de plantas nas sementes dos agricultores de Rangpur, a altura das plantas, o diâmetro da base e o rendimento em fibras nas sementes dos agricultores de Faridpur foram os mais baixos. Entre as fontes de sementes, foram observadas diferenças significativas no que respeita ao diâmetro da planta verde, ao diâmetro do pau e ao diâmetro da fibra da O-9897, tanto em 2002 como em 2003. O diâmetro verde da planta, o diâmetro do caule e o diâmetro da fibra mais elevados foram registados na semente BJRI. No caso do diâmetro da planta verde em 2002 e do diâmetro da vara em 2003, as sementes da BJRI e da BADC tiveram resultados semelhantes. Os valores mais baixos de diâmetro de planta verde e diâmetro de vara foram obtidos de sementes de agricultores de Faridpur.

A experiência 5.1 foi conduzida para determinar o efeito de diferentes fontes de sementes de CVL-1 na produção de sementes e seus caracteres contribuintes em 2002 e 2003. A altura da planta e o diâmetro da base foram significativamente afectados pelas fontes de sementes, exceto o stand da planta. Os métodos de produção de sementes também foram afectados significativamente para a altura da planta e o diâmetro da base. Os caracteres da cultura registados pelo método convencional foram superiores aos do método melhorado. Planta de ramos^{-1} , planta de vagens^{-1} , vagem de sementes^{-1} , planta de peso de sementes^{-1} , peso de mil sementes e rendimento de sementes de CVL-1 diferiram significativamente devido a diferentes fontes de sementes em 2002 e 2003. As sementes do BJRI e do BADC tiveram os registos mais elevados do que as sementes dos agricultores e do mercado local. O rendimento das sementes e os parâmetros que contribuem para o rendimento diferiram significativamente devido ao método de produção. As plantas do método melhorado deram maior rendimento de sementes e atributos de rendimento em comparação com o método convencional. Os efeitos da interação entre o método de produção e a fonte de sementes nos caracteres de crescimento das plantas de CVL-1 foram significativamente afectados. A altura da planta e o diâmetro da base foram afectados pela interação entre o método de produção e a fonte de sementes, exceto o stand da planta. A altura da planta e o diâmetro da base de todas as fontes de sementes sob o método melhorado foram inferiores aos do método convencional. A planta de ramos^{-1} , a planta de vagens^{-1} , a vagem de sementes^{-1} , a planta de peso de sementes^{-1} , o peso de mil sementes e o rendimento de sementes variaram significativamente devido à interação do método de produção e da fonte de sementes. O rendimento da semente e os componentes do rendimento de todas as fontes de semente sob o método melhorado foram superiores ao método convencional. Estes resultados indicaram que os efeitos dos métodos de produção foram mais dominantes do que os das fontes de sementes no rendimento das sementes e nos caracteres que contribuem para o rendimento da CVL-1.

A experiência 5.2 foi conduzida para descobrir o efeito de diferentes fontes de sementes de O- 9897 na produção de sementes e nos seus caracteres contribuintes. A altura da planta e o diâmetro da base foram significativamente afectados pelas fontes de sementes, exceto o stand da planta. As sementes BJRI e BADC apresentaram um desempenho semelhante no que respeita à altura da planta. No entanto, no caso do diâmetro da base, houve uma diferença significativa. A altura da planta e o diâmetro da base foram significativamente afectados pelos métodos de produção. Planta de ramos⁻¹ , planta de vagens⁻¹ , vagem de sementes⁻¹ , planta de peso de sementes⁻¹ , peso de mil sementes e rendimento de sementes de O-9897 diferiram significativamente devido às diferentes fontes de sementes. As sementes do BJRI e do BADC apresentaram os valores mais elevados dos parâmetros do que as sementes dos agricultores e do mercado local. O rendimento da semente e os caracteres de rendimento diferiram significativamente devido ao método de produção. As plantas do método melhorado deram maior número de ramos⁻¹ , vagens⁻¹ , sementes⁻¹ , peso de sementes⁻¹ , peso de mil sementes e rendimento de sementes em comparação com o método convencional. Os efeitos da interação entre o método de produção e a fonte de semente na altura da planta e no diâmetro da base afectaram significativamente, exceto o stand da planta. A altura da planta e o diâmetro da base de todas as fontes de sementes sob o método melhorado foram inferiores aos do método convencional. A planta de ramos⁻¹ , a planta de vagens⁻¹ , a vagem de sementes⁻¹ , a planta de peso de sementes⁻¹ , o peso de 1000 sementes e o rendimento de sementes de O-9897 variaram significativamente devido à interação entre o método de produção e a fonte de sementes. Os parâmetros de todas as fontes de sementes sob o método melhorado foram mais elevados do que os do método convencional.

A correlação entre a qualidade da semente, a emergência e os atributos de rendimento como a humidade, a germinação, o índice de vigor, o coeficiente de germinação, a germinação após 48 horas, a pureza, a emergência, a emergência relativa e a capacidade de sobrevivência foram muito elevados, positivos e significativos. No entanto, a correlação dos agentes patogénicos das sementes e da humidade das sementes com todos os atributos acima mencionados foi elevada e negativa. A qualidade das sementes e os atributos de emergência das plântulas mostraram um efeito positivo no aumento da fibra de juta e no rendimento das sementes. Após 48 horas, ambas as variedades de juta (CVL-1 e 0-9897) tiveram uma relação positiva com a germinação, o vigor das sementes, o coeficiente de germinação, a pureza, a emergência, a emergência relativa e a capacidade de sobrevivência, o que pode ser um bom indicador do vigor das sementes de juta.

Com base nos resultados acima referidos, foram tiradas as seguintes conclusões:

i.   As fontes de sementes tiveram um impacto significativo na qualidade da semente, vigor, emergência, estabelecimento da planta, fibra e rendimento de sementes de CVL-1 e 0-9897.

ii.   As sementes do BJRI e do BADC eram boas no que diz respeito à qualidade das sementes, vigor, emergência, estabelecimento das plantas, produção de fibras e de sementes, em comparação com as sementes recolhidas junto dos agricultores e do mercado local.

iii.   A percentagem de humidade foi mais elevada nas sementes dos agricultores e do mercado local, ao passo que foi

mais baixos nas sementes BJRI e BADC. As sementes de juta do BJRI e do BADC estavam quase isentas de agentes patogénicos, enquanto as sementes dos agricultores e do mercado local continham agentes patogénicos.

iv.   Quanto maior o teor de humidade, menor e mais lenta (medindo a taxa de germinação e o índice de vigor) é a germinação nas sementes dos agricultores e do mercado, as emergências foram mais lentas e o tamanho das plântulas nas mesmas épocas de colheita (até 60 dias) foi menor em comparação com as amostras de sementes do BJRI e do BADC.

v.   A germinação das sementes de juta   iniciou-se   num   dia   e   mais de70%   germinaram

no segundo dia de plantio. A percentagem de germinação após o segundo dia foi observada como um bom indicador do vigor das sementes de juta, bem como da sua emergência.

vi.   Independentemente das fontes de sementes, a produção de sementes de juta foi mais elevada no método melhorado

do que o método convencional de produção de sementes.

vii.   A qualidade da semente, o vigor e os atributos de emergência tiveram uma boa relação com a produção de fibras e sementes de juta.

APÊNDICES

Apêndice 1.1. Atributos de qualidade das sementes de juta dos agricultores (CVL-1) dos distritos de Kishoreganj e Manikganj

Descriptive statistics	Moisture Content (%)	1000 Seed weight (g)	Germination (%)
Kishoreganj District			
Mean	9.84	2.70	65.37
Range	5.72-11.9	1.65-3.35	0-88
SE	0.29	0.09	5.53
CV%	12.70	15.93	37.86
Manikganj District			
Mean	13.07	3.09	65.6
Range	9.52-28.75	2.25-3.52	27-88
SE	0.89	0.06	3.54
CV%	30.53	9.39	22.87

Apêndice 1.2. Atributos de qualidade das sementes de juta dos agricultores (CVL-1) dos distritos de Kishoreganj e Manikganj

Descriptive statistics	Vigour Index	Germination after 48 hours (%)	Coefficient of germination (%)
Kishoreganj District			
Mean	56.73	65.05	62.82
Range	0-79.72	0-85	0.81.41
SE	5.04	5.60	4.29
CV%	39.77	38.46	30.56
Manikganj District			
Mean	56.73	65.05	69.22
Range	0-79.72	0-85	63.28-79.15
SE	5.04	5.60	0.95
CV%	39.77	38.46	6.17

Apêndice 1.3. Comprimento do rebento, comprimento da raiz, rácio raiz-raiz e peso seco das plântulas das sementes de juta dos agricultores (CVL-1) dos distritos de Kishoreganj e Manikganj

Descriptive statistics	Shoot length (cm)	Root length (cm)	Root- shoot Ratio (cm cm^{-1})	Seedling Dry weight (mg)
Kishoreganj District				
Mean	4.75	2.96	0.59	1.14
Range	0-5.9	0-3.64	0-0.75	0-1.72
SE	0.29	0.18	0.04	0.08
CV%	27.37	26.35	28.57	30.70
Manikganj District				
Mean	5.69	3.12	0.55	1.11
Range	4.39-6.42	1.86-3.8	0.39-0.7	0.66-1.64
SE	0.12	0.14	0.02	0.06
CV%	9.67	20.51	16.36	25.23

Apêndice 1.4. Presença de agentes patogénicos nas sementes de juta dos agricultores (CVL-1) dos distritos de Kishoreganj e Manikganj

Descriptive statistics	Pure Seed (%)	Other seeds (%)	Inert Matter (%)	Pathogens				
				M. Phaseolina	*B. theobromeae*	*C. corchori*	Saprophyte	Average
Kishoreganj District								
Mean	79.72	0	20.25	2.1	2.08	2.15	5.73	3.00
Range	70.88-86.27	0	13.64-29.05	0-3.33	0-5.33	0-3.33	2.33-18.00	1.92-5.25
SE	0.98	0	0.98	0.20	0.35	0.21	0.90	0.20
CV%	5.49	0	21.73	43.81	74.04	43.72	70.16	29.33
Manikganj District								
Mean	83.54	0	15.87	3.68	1.53	2.89	4.67	3.19
Range	70.76-87.99	0	11.95-29.18	1.33-7.00	0-4.67	1-4.67	2.00-10.00	1.75-5.58
SE	1.00	0	0.87	0.37	0.26	0.24	0.55	0.23
CV%	5.37		24.64	45.38	75.16	37.72	52.89	32.92

Apêndice 1.5. Atributos de qualidade das sementes de juta dos agricultores (0-9897) dos distritos de Rangpur e Faridpur

Descriptive statistics	Moisture Content (%)	1000 Seed weight (g)	Germination (%)
Rangpur District			
Mean	10.20	1.80	84.40
Range	8.62-12.21	1.73-1.97	67-93
SE	0.17	0.01	1.64
CV%	7.35	3.33	8.70
Faridpur District			
Mean	10.33	1.71	70.6
Range	8.44-15.23	1.5-1.98	7.00-93.00
SE	0.47	0.04	4.97
CV%	20.33	9.36	31.46

Apêndice 1.6. Atributos de qualidade das sementes de juta dos agricultores (0-9897) dos distritos de Rangpur e Faridpur

Descriptive statistics	Vigour Index	Germination after 48 hours (%)	Coefficient of germination (%)
Rangpur District			
Mean	55.95	79.15	57.64
Range	40.47-63.58	63-89	52.69-60.84
SE	1.43	1.63	0.50
CV%	11.40	9.21	3.89
Faridpur District			
Mean	38.35	58.2	47.99
Range	3.00-59.00	2.00-83.00	33.62-59.08
SE	3.38	5.67	1.61
CV%	39.43	43.56	15.00

Apêndice 1.7. Comprimento do rebento, comprimento da raiz, rácio raiz-raiz e peso seco das plântulas das sementes de juta dos agricultores (0-9897) dos distritos de Rangpur e Faridpur

Descriptive statistics	Shoot length (cm)	Root length (cm)	Root- shoot Ratio $(cm\ cm^{-1})$	Seedling Dry weight (mg)
Rangpur District		1.99	0.39	0.60
Mean	4.95	2.14	0.43	0.69
Range	4.39-5.80	1.80-2.54	0.36-0.52	0.54-0.90
SE	0.07	0.05	0.01	0.02
CV%	6.46	10.28	9.30	14.49
Faridpur District				
Mean	4.73	2.01	0.42	0.72
Range	3.68-5.49	1.46-2.50	0.37-0.50	0.50-0.90
SE	0.10	0.07	0.01	0.02
CV%	10.15	14.93	9.52	15.28

Apêndice 1.8. Presença de agentes patogénicos nas sementes de juta dos agricultores (0-9897) dos distritos de Rangpur e Faridpur

Descriptive statistics	Pure Seed (%)	Other seeds (%)	Inert Matter (%)	Pathogens				
				M. Phaseolina	*B. theobromeae*	*C. corchori*	Saprophyte	Average
Rangpur District								
Mean	81.16	0	18.75	2.01	1.58	2.16	1.90	1.94
Range	75.89-86.06	0	13.86-24.01	0.67-4.00	0.34-3.65	0.66-6.00	0-8.00	1.00-5.33
SE	0.76	0	0.76	0.18	0.20	0.29	0.43	0.22
CV%	4.20	0	18.24	40.30	55.70	59.72	101.58	5.15
Faridpur District								
Mean	87.01	0	12.91	4.43	4.59	4.37	12.17	6.40
Range	79.3-95.79	0	4.14-20.62	1.35-9.00	1.67-9.00	1.68-9.00	3.32-24.62	3.09-10.50
SE	1.27	0	1.26	0.35	0.41	0.41	1.47	0.42
CV%	6.50	0	43.84	34.76	39.87	41.42	54.15	29.69

Apêndice 2.1.   Condição socioeconómica dos produtores de sementes de juta

Location	Category of farmers (Farm size)	Area under cultivation (acre)	Area under jute		Type of seed crop	
			Fibre crop	Seed crop	Cap. sp. (% case)	Oli. Sp. (% case)
Olitorius	Zone					
Faridpur	Marginal	0.26	23.33	10.00	-	100.00
	Small	0.76	105.85	16.23	-	100.00
	Medium	1.47	182.86	16.36	45.71	54.29
	Large	2.94	241.96	11.32	39.29	60.71
Rangpur	Marginal	0.11	0.49	0.04	-	100.00
	Small	0.63	0.17	0.05	-	100.00
	Medium	1.44	0.25	0.09	-	100.00
	Large	3.50	0.40	0.18	-	100.00
Capsularis	Zone					
Manikganj	Marginal	0.27	20.00	8.00	100.00	-
	Small	0.70	25.59	12.20	68.18	38.82
	Medium	1.64	55.89	11.71	57.14	42.86
	Large	3.71	117.6	9.53	53.33	46.67
Kishorganj	Marginal	0.33	5.00	7.17	100.00	-
	Small	0.59	16.95	8.39	82.93	17.07
	Medium	1.21	28.46	9.08	100.00	-
	Large	2.25	45.00	9.75	100.00	-

Apêndice 2.2.   Resultado do inquérito sobre fontes de sementes e época de sementeira a nível das explorações agrícolas

Location	Category of farmers (Farm size)	Source of seeds					Sowing time (Range)	
		Own produced	Market seed	BADC	Neighbors	Total	Deshi	Tossa
Olitorius	Zone							
Faridpur	Marginal	-	-	66.66	-	33.33	-	18.9-22.9
	Small	-	53.84	23.08	23.08	-	-	15.9-25.9
	Medium	-	52.63	-	26.32	21.05	25.3	9.9-25.9
	Large	11.77	52.94	5.88	11.76	17.65	30.3	2.9-5.10
Rangpur	Marginal	50.00	-	-	25.00	25.00	-	19.9-6.10
	Small	26.08	8.70	52.17	13.04	-	-	8.9-2.10
	Medium	25.93	14.80	51.85	-	7.42	-	5.9-10.10
	Large	8.33	16.67	75.00	-	-	-	29.8-25.9
Capsularis	Zone							
Manikganj	Marginal	-	53.34	13.33	33.33	-	12.3-2.4	-
	Small	4.55	22.73	40.90	31.82	-	20.3-14.4	22.9-13.10
	Medium	19.05	23.81	28.57	-	28.57	18.3-15.4	20.9-15.10
	Large	-	20.00	53.33	6.67	20.00	25.3-20.4	18.9-22.10
Kishorganj	Marginal	33.33	-	-	66.67	-	26.3-22.4	
	Small	29.27	-	-	65.85	4.88	27.4-8.5	17.9-11.10
	Medium	26.92	-	11.54	61.54	-	2.3.3-12.4	-
	Large	37.50	-	12.50	50.00	-	21.3-9.4	-

Apêndice 2.3.   **Resultado do inquérito sobre o ensaio de sementes a nível das explorações agrícolas**

Location	Category of farmers (Farm size)	Seed Test		Test done on		
		Done	Not done	Purity	Germination	Vigour
Olitorius	**Zone**					
Faridpur	Marginal	-	100.00	-	-	-
	Small	-	100.00	-	-	-
	Medium	-	100.00	-	-	-
	Large	-	100.00	-	-	-
Rangpur	Marginal	-	100.00	-	-	-
	Small	30.43	69.56	-	100.00	-
	Medium	59.26	40.74	-	100.00	-
	Large	66.67	33.33	-	66.67	-
Capsulari s	**Zone**					
Manikganj	Marginal	20.00	80.00	-	20.00	-
	Small	13.64	86.36	-	13.64	-
	Medium	19.05	80.95	4.76	14.29	-
	Large	33.33	66.67	13.33	33.33	-
Kishorganj	Marginal	-	100.00	-	-	-
	Small	2.44	97.56	-	2.44	-
	Medium	7.69	92.31	-	7.69	-
	Large	-	100.00	-	-	-

Apêndice 2.4.   **Conhecimentos sobre o teste de sementes, o vigor das sementes e o teste de vigor a nível da exploração agrícola**

Location	Category of farmers (Farm size)	Knowledge on seed test		Knowledge on seed vigour		Knowledge about vigour test	
		Known	Not known	Known	Not known	Known	Not known
Olitorius	**Zone**						
Faridpur	Marginal	-	100.00	-	100.00	-	100.00
	Small	-	100.00	-	100.00	-	100.00
	Medium	10.53	89.47	-	100.00	-	100.00
	Large	11.76	88.24	-	100.00	-	100.00
Rangpur	Marginal	25.00	75.00	-	100.00	-	100.00
	Small	26.08	73.92	4.35	95.65	4.35	95.65
	Medium	29.63	70.37	3.70	96.30	-	100.00
	Large	16.67	83.33	-	100.00	-	100.00
Capsularis	**Zone**						
Manikganj	Marginal	20.00	80.00	-	100.00	-	-
	Small	18.18	81.82	-	100.00	-	-
	Medium	33.33	66.67	-	100.00	-	-
	Large	66.67	33.33	-	100.00	-	-
Kishorganj	Marginal	-	100.00	-	100.00	-	-
	Small	4.88	95.12	4.88	95.12	4.88	95.12
	Medium	3.85	96.15	3.85	96.15	3.85	96.15
	Large	-	100.00	-	100.00	-	100.00

Apêndice 2.5. Utilização de fertilizantes orgânicos e químicos para o cultivo de sementes de juta a nível da exploração agrícola

Location	Category of farmers (Farm size)	Use organic / inorganic fertilizers		If used mention the name of fertilizers			
		Used	Not used	Urea	TSP	MP	Others
Olitorius **Zone**							
Faridpur	Marginal	100.00	-	100.00	100.00	100.00	-
	Small	100.00	-	92.31	92.31	84.62	38.46
	Medium	80.00	20.00	100.00	100.00	100.00	57.89
	Large	85.00	15.00	94.12	82.35	82.35	35.29
Rangpur	Marginal	100.00	-	100.00	100.00	100.00	50.00
	Small	60.00	40.00	100.00	100.00	100.00	91.30
	Medium	70.00	30.00	100.00	100.00	100.00	37.04
	Large	75.00	25.00	25.00	25.00	25.00	41.67
Capsularis **Zone**							
Manikganj	Marginal	100.00	-	100.00	100.00	100.00	86.67
	Small	100.00	-	100.00	81.82	77.27	68.18
	Medium	100.00	-	100.00	61.90	33.33	4.76
	Large	73.33	26.67	73.33	73.33	46.67	20.00
Kishorganj	Marginal	90.00	10.00	100.00	100.00	100.00	83.33
	Small	75.00	25.00	100.00	100.00	100.00	95.12
	Medium	65.00	35.00	100.00	100.00	100.00	100.00
	Large	45.00	55.00	100.00	100.00	100.00	100.00

Apêndice 2.6. Resultado do inquérito sobre os cuidados especiais que foram tomados para o cultivo de sementes de juta a nível das explorações agrícolas

Location	Category of farmers (Farm size)	Any special care for seed crop		Type of special care adopted				
		Adopted	Not adopted	Roughing of off type plants	Removed the plants which flowered before optimum time	Controlled insects and diseases	Removed dead and dry plants	Application of irrigation
Olitorius **Zone**								
Faridpur	Marginal	100.00	-	100.00	-	-	100.00	-
	Small	84.62	15.38	92.31	61.54	61.54	84.62	7.69
	Medium	89.47	10.53	89.47	78.95	63.16	84.21	-
	Large	100.00	-	70.59	52.94	88.24	70.59	52.94
Rangpur	Marginal	50.00	50.00	50.00	50.00	50.00	50.00	25.00
	Small	82.60	17.40	86.96	91.30	95.65	73.90	52.17
	Medium	96.30	3.70	96.30	77.78	85.19	88.89	74.07
	Large	83.33	16.67	75.00	66.67	66.67	75.00	16.67
Capsularis **Zone**								
Manikganj	Marginal	100.00	-	100.00	100.00	100.00	100.00	6.67
	Small	68.18	31.82	68.18	68.18	68.18	68.18	13.67
	Medium	23.81	76.19	19.05	14.29	19.05	19.05	9.52
	Large	40.00	60.00	40.00	13.33	26.67	33.33	20.00
Kishorganj	Marginal	50.00	50.00	-	100.00	-	-	-
	Small	43.90	56.10	-	88.89	22.22	16.67	11.11
	Medium	42.31	57.69	-	34.62	7.69	3.85	15.38
	Large	25.00	75.00	-	100.00	-	-	-

     Resultado do inquérito sobre o estado fitossanitário da cultura de sementes de juta a nível das explorações agrícolas

Location	Category of farmers (Farm size)	The range of dead plants						Keep harvested top with fruits	
		0-5	6-10	11-15	16-20	21-25	26-30	Yes	No
Olitorius **Zone**									
Faridpur	Marginal	-	-	33.33	66.66	-	-	-	100.00
	Small	37.50	50.00	-	-	12.50	-	92.30	7.70
	Medium	33.33	53.33	6.67	-	6.67	-	100.00	-
	Large	6.25	56.25	25.00	6.25	-	6.25	64.71	35.39
Rangpur	Marginal	-	-	-	-	-	-	25.00	75.00
	Small	-	4.34	-	-	-	-	26.08	73.92
	Medium	3.70	-	-	-	-	-	11.10	88.90
	Large	16.67	-	-	-	-	-	16.67	83.33
Capsularis **Zone**									
Manikganj	Marginal	46.67	46.67	6.66	-	-	-	100.00	-
	Small	38.89	61.11	-	-	-	-	100.00	-
	Medium	40.00	20.00	13.33	26.67	-	-	95.24	4.76
	Large	15.38	30.76	38.46	7.69	7.69	-	100.00	-
Kishorganj	Marginal	-	16.67	83.33	-	-	-	83.33	16.67
	Small	12.20	4.88	82.92	-	-	-	58.54	41.46
	Medium	42.31	7.69	46.15	3.85	-	-	53.85	46.15
	Large	62.50	25.00	12.50	-	-	-	87.50	12.50

Apêndice 2.8.   **Resultado do inquérito sobre o momento da colheita, a percentagem de maturidade dos frutos e a percentagem de plantas mortas presentes na cultura de sementes de juta a nível da exploração agrícola**

Location	Category of farmers (Farm size)	Date of harvest of your jute seed crop		Maturity of your seed at harvest				Any dead plant in the seed crop during harvest	
		Deshi	Tossa	30%	50%	80%	100%	Yes	No
Olitorius **Faridpur**	**Zone** Marginal	-	26.12-29.12	-	66.66	33.33	-	100.00	-
	Small	-	29.11-8.01	-	30.77	69.23	-	61.54	38.46
	Medium	-	24.11-11.01	-	36.84	63.86	-	78.95	21.05
	Large	-	20.11-10.01	-	35.29	64.71	-	94.12	5.88
Rangpur	Marginal	-	01.01-15.01	-	-	50.00	50.00	-	100.00
	Small	-	8.1-20.01	-	-	60.86	39.34	4.34	95.65
	Medium	-	9.1	-	-	59.26	40.74	3.70	96.30
	Large	-	17.1-5.2	-	-	66.67	33.33	8.33	91.67
Capsularis **Manikganj**	**Zone** Marginal	27.8-25.10	-	-	-	100.00	-	100.00	-
	Small	2.9-29.10	12.1-21.1	-	-	100.00	-	81.82	18.18
	Medium	20.9-11.11	9.11-25.1	-	-	100.00	-	71.43	28.57
	Large	5.10-11.11	18.11-13.1	-	-	100.00	-	86.67	13.33
Kishorganj	Marginal	-	18.1-20.2	-	-	100.00	-	100.00	-
	Small	12.1-20.2	10.1-21.2	-	-	100.00	-	100.00	-
	Medium	-	21.1-23.2	-	-	100.00	-	100.00	-
	Large	-	15.1-19.2	-	-	100.00	-	100.00	-

Apêndice 2.9.   Resultado do inquérito sobre a transformação pós-colheita de sementes de juta a nível das explorações agrícolas

Location	Category of farmers (Farm size)	Keep jack days	Days keep harvested to before threshing	Type of threshing floor		Is there covering on earthen floor		How did you threshed jute seed
				Earthen	Cemented	Yes	No	
Olitorius	**Zone**							
Faridpur	Marginal	-	12.33	100.00	-	-	100.00	Biting with stick
	Small	4.53	2.54	100.00	-	-	100.00	-Do-
	Medium	5.32	2.63	100.00	-	-	100.00	-Do-
	Large	4.54	4.88	100.00	-	-	100.00	-Do-
Rangpur	Marginal	.05	6.70	100.00	-	50.00	50.00	-Do-
	Small	2.3	7.25	100.00	-	26.08	73.92	-Do-
	Medium	3.32	6.35	100.00	-	22.22	77.78	-Do-
	Large	3.35	7.89	91.67	8.33	33.33	66.67	-Do-
Capsularis	**Zone**							
Manikganj	Marginal	3-5	6-8	100.00	-	-	100.00	Biting with stick
	Small	3-6	7-8	100.00	-	4.55	95.45	-Do-
	Medium	3-4	3-5	100.00	-	33.33	66.67	-Do-
	Large	3-5	4-7	93.33	6.67	33.33	66.67	-Do-
Kishorganj	Marginal	3-4	3-5	100.00	-	83.33	16.67	-Do-
	Small	2-3	3-5	100.00	-	46.34	53.66	-Do-
	Medium	3-4	3-5	100.00	-	26.92	73.08	-Do-
	Large	3-4	3-5	100.00	-	50.00	50.00	-Do-

Apêndice 2.10.   Resultado do inquérito sobre o período de secagem e o rendimento das sementes de juta a nível da exploração agrícola

Location	Category of Farmers	How many drying period				Seed obtained (kg)		Yield (kg/ac)	
		3 days	4 days	5 days	6 days	Deshi	Tossa	Deshi	Tossa
Olitorius	**Zone**								
Faridpur	Marginal	-	3.33	66.66	-	-	13.33	-	?
	Small	7.69	7.69	61.54	23.08	-	13.08	-	80.57
	Medium	5.26	5.26	78.95	10.53	-	29.63	-	98.34
	Large	5.88	5.88	41.18	47.06	-	21.41	-	114.82
Rangpur	Marginal	-	-	-	-	-	-	-	-
	Small	-	-	25.00	75.00	-	14.89	-	341.92
	Medium	4.34	13.04	21.74	60.86	-	21.17	-	391.98
	Large	7.40	33.33	40.74	18.52	-	38.22	-	448.16
Capsularis	**Zone**								
Manikganj	Marginal	-	-	13.33	86.67	19.67	-	245.83	-
	Small	18.18	4.55	4.55	72.72	19.17	17.09	239.58	189.84
	Medium	9.52	61.91	23.81	4.76	29.58	15.06	217.79	215.08
	Large	13.33	46.67	26.67	13.33	20.66	15.86	158.90	284.60
Kishorganj	Marginal	83.33	16.67	-	-	-	12.67	-	176.74
	Small	75.61	24.31	-	-	17.14	11.79	171.43	146.35
	Medium	61.54	38.46	-	-	-	12.83	-	141.31
	Large	75.00	25.00	-	-	-	14.13	-	144.87

Apêndice 2.11. Tratamento das sementes antes do armazenamento e recipiente de
armazenamento utilizado pelos agricultores em diferentes zonas de cultivo
de sementes de juta

Location	Category of Farmers	Did you treat your seed		Seed treatment procedure	Type of storage container used				
		Yes	No		Tin can	Earthen	Jute bag	Cloth bag	Polythylene
Olitorius	**Zone**								
Faridpur	Marginal	-	100.00	-	66.66	-	33.33	-	-
	Small	-	100.00	-	7.69	84.62	-	-	7.69
	Medium	-	100.00	-	-	84.21	-	-	15.79
	Large	-	100.00	-	11.76	52.94	-	-	35.29
Rangpur	Marginal	-	100.00	-	75.00	-	-	-	25.00
	Small	-	100.00	-	30.43	13.04	-	-	56.52
	Medium	-	100.00	-	3.70	14.80	11.13	3.70	66.67
	Large	-	100.00	-	16.67	-	-		83.33
Capsularis	**Zone**								
Manikganj	Marginal	-	100.00	-	33.33	40.00	13.33	-	13.33
	Small	-	100.00	-	50.00	40.90	4.55	4.55	-
	Medium	-	100.00	-	76.19	23.81	-	-	-
	Large	-	100.00	-	86.66	6.67	6.67	-	-
Kishorganj	Marginal	-	100.00	-	66.67	-	33.33	-	-
	Small	-	100.00	-	63.42	-	14.63	-	21.95
	Medium	-	100.00	-	61.54	-	11.54	-	26.92
	Large	-	100.00	-	75.00	-	25.00	-	-

Apêndice 2.12. Tipo de armazém e tempo de armazenamento das sementes de juta
pelos agricultores em diferentes zonas de cultivo de sementes de
juta

Location	Category of Farmers	Type of your seed storing house						Date of seed storage
		Building	Semi-building	Tin shed and tin fence house	Tin shed and bamboo fence house	Tin shed and earthen fence house	Bamboo shed and earthen fence house	
Olitorius	**Zone**							
Faridpur	Marginal	-	-	-	66.66	33.33	-	18.1-28.2
	Small	-	-	38.46	61.54	-	-	9.12-25.1
	Medium	-	-	36.84	63.16	-	-	29.12-15.1
	Large	-	-	76.47	23.53	-	-	29.11-17.2
Rangpur	Marginal	25.00	25.00	25.00	-	-	25.00	23.1-5.2
	Small	-	8.70	-	78.26	13.04	-	24.1-10.2
	Medium	-	22.22	1.40	66.67	3.70	-	2.2-20.2
	Large	8.33	8.33	8.33	75.00	-	-	23.1-7-2.2
Capsularis	**Zone**							
Manikganj	Marginal	-	6.67	66.67	26.66	-	-	29.9-25.11
	Small	-	-	63.64	31.82	4.54	-	25.9-10.2
	Medium	-	19.05	57.14	23.81	-	-	5.10-28.1
	Large	13.33	33.33	53.33	-	-	-	15.11-18.1
Kishorganj	Marginal	-	-	83.33	16.67	-	-	22.2-4.3
	Small	-	4.88	87.80	7.32	-	-	25.1-28.2
	Medium	-	26.93	65.38	7.69	-	-	29.1-4.3
	Large	-	-	75.00	25.00	-	-	27.1-28.2

Apêndice 3.1.   Média mensal das temperaturas máxima, mínima e média diárias, da precipitação total e da humidade relativa na Estação Experimental Agrícola de Juta (JAES), Manikganj, em 2002

Month	Temperature^{0}C			Total Rainfall	Humidity
	Max.	Min.	Ave.	(mm)	(%)
January	25.75	14.58	20.17	22.00	68.00
February	28.58	16.74	22.66	4.00	58.00
March	31.51	20.23	25.87	51.00	59.00
April	32.10	22.33	27.22	111.00	73.00
May	32.48	23.93	28.21	272.00	79.00
June	31.92	24.83	28.38	373.00	84.00
July	31.90	25.17	28.54	446.00	85.00
August	31.47	25.25	28.36	272.00	82.00
September	32.42	25.28	28.85	144.00	79.00
October	31.49	28.10	29.80	52.00	75.00
November	28.90	19.82	24.36	206.00	74.00
December	26.95	15.96	21.46	0.00	74.00
Mean	**30.46**	**21.85**	**26.15**	**162.75**	**74.17**

Apêndice 3.2.   Média mensal das temperaturas máxima, mínima e média diárias, da precipitação total e da humidade relativa na Estação Experimental Agrícola de Juta (JAES), Manikganj, em 2003

Month	Temperature^{0}C			Total Rainfall	Humidity
	Max.	Min.	Ave.	(mm)	(%)
January	21.54	15.38	18.46	0.00	74.88
February	26.95	16.93	21.94	25.00	65.26
March	30.02	19.41	24.715	96.00	65.28
April	34.03	24.05	29.04	123.00	70.48
May	27.83	24.38	26.105	140.00	74.44
June	30.11	25.81	27.96	473.00	81.02
July	32.37	26.42	29.395	191.00	79.02
August	32.49	27.44	29.965	202.00	79.81
September	31.69	24.47	28.08	264.00	82.08
October	30.28	25.07	27.675	134.00	80.05
November	29.73	19.40	24.565	0.00	67.04
December	25.90	16.40	21.15	45.00	72.32
Mean	**27.62**	**22.10**	**24.86**	**141.08**	**74.31**

Apêndice 4.1. Algumas informações sobre a produção, processamento e armazenamento de sementes de juta do BJRI e B ADC

Type of seed crop		Date of sowing of seed crop		Special care	Stage of maturity at harvest	Drying time of harvested tops before threshing (Days)	Threshing method	Condition of threshing floor	No. of sundry used for drying seed	Storage container	Condition of store house
Deshi jute	Tossa jute	Early	Late								
Bangladesh Jute Research Institute (BJRI)											
CVL-1	-	15 March	-	All types of special care	About 70% fruit brown	6-7	Beating with stick	Cemented floor	5-6 sunning	Metal/plastic dehumidified container, cool chamber	Building
-	O-9897	-	25 August	All types of special care	About 80% fruit brown	6-7	Beating with stick	Cemented floor	5-6 sunning	Metal/plastic dehumidified container, cool chamber	Building
Bangladesh Agriculture Development Corporation (BADC)											
CVL-1	-	15 May	-	All types of special care	About 70% fruit brown	6-7	Beating with stick	Cemented floor	5-6 sunning	Metal/plastic dehumidified container, cool chamber	Building
-	O-9897	-	15 July	All types of special care	About 80% fruit brown	6-7	Beating with stick	Cemented floor	5-6 sunning	Metal/plastic dehumidified container, cool chamber	Building

BIBLIOGRAFIA

Abdul-Baki, A. e J. D. Anderson. 1970. Viabilidade e lixiviação de açúcares da cevada em germinação. Crop Sci. 10: 31-34.

Abdalla, F. H. e D. H. Roberts. 1969. O efeito da temperatura e da humidade no crescimento e rendimento da cevada, favas e ervilhas. Ann. Bot. 33: 169-189.

Ahmed, M. 1998. Levantamento e avaliação do estado de qualidade das sementes de leguminosas e previsão do estabelecimento no campo através de técnicas laboratoriais. Trabalho apresentado no 5th workshop of seed technology research, realizado em 02 de dezembro de 1998 no BARC, Bangladesh. p.25.

Ahmed, Q.A. 1966. Problemas na patologia das plantas de juta. Jute and Jute Fabrics, Paquistão, julho: 184-186.

Ahmed, Q.A. 1968. Doenças da juta no Paquistão Oriental. Jute and Jute Fabrics, Paquistão, 7 (8): 147-151.

Ahmed, Q.A. e N. Islam. 1980. Correlação entre a infeção de sementes de juta registada em laboratório e a incidência da doença no campo. Ann. Rep. Bangladesh Jute Res. Inst.: 129-130.

Ahmed, M.; J. C. Modak; A.T.M.M. Alam e M. M. Haque. 1998. Effect of time of harvest on yield and seed vigor of wheat (Efeito da altura da colheita no rendimento e vigor das sementes de trigo). Bangladesh J. Seed Sci. Tech. 2 (1 &2): 33-38.

Ahmed, N. e K. Sultana. 1960-94. Teste de saúde das sementes e estudo patológico das sementes de juta, kenaf e mesta para recomendação. (Ann. Rep. Bangladesh Jute Res. Inst.) Revisão da literatura sobre sementes de juta no Bangladesh (1994). Agril. Serviço de Apoio à Agricultura Proj. MOA. Bangladesh. p.23.

Ali, M. K. 1963. Effect of storage container on the moisture content, viability and other qualities of jute seed. Pakistan J. Sci. Res. 15(3): 85-93

Ali, M. K. 1964. Pat-0-Patchash (em bengali) East Pakistan Government Press, Dhaka. p.14.

Ali, M. K. 1968. Melhoria das práticas culturais (tempo de plantio e espaçamento para o rendimento de sementes de juta). Paquistão Cen. Comn. (Ann. Rep. 1965-66). Pak. Govt. Press, Dhaka. p. 26.

Ali, M. K. e M. Shahidullah. 1964. Efeito da data de sementeira-cum-método de produção do crescimento e rendimento de fibra de juta. Pakistan J. Sci. Res. 16(4): 146150.

Amankwatia, Y.O. 1979. Efeito de diferentes datas de produção no crescimento e no rendimento de fibras da juta do Congo (Urena lobata). Ghana J. Agril. Sci. 12:19-25.

AOSA. 1981. Manual de testes de vigor de sementes. Associação dos Analistas Oficiais de Sementes. p. 88.

Austin, R. B. 1972. Efeitos do ambiente antes da colheita na viabilidade. *In*: Viability of seed (ed: Roberts, E. H.), Syracuse Univ. Press, Londres. pp. 114-149.

Baki, A. A. 1969. Respiração do metabolismo da glicose para germinabilidade e vigor em sementes de cevada e trigo. Crop Sci. 9: 732-737.

Baki, A. A. e J. D. Anderson. 1970. Viabilidade e lixiviação de açúcares da cevada em germinação. Crop Sci. 10: 31-34.

Baki, A. A. e J. D. Anderson. 1972. Deterioração fisiológica e bioquímica de sementes. *In*: Seed Biology (ed: Kozlowski, T. T.) Academic Press. Nova Iorque.

BARC. 1997. Guia de recomendação de fertilizantes. Bangladesh Agril. Res. Coun. Dhaka, Bangladesh. Pp. 196

Basu, R. N.; K. Chattapadhyay; P. K. Bandapadhyay e S. L. Basak. 1978. Maintenance of vigor and viability of stored jute seeds (Manutenção do vigor e da viabilidade das sementes de juta armazenadas). Seed Res. 6 (1): 1-13.

BBS. 2004. Bangladesh: An Introduction. *In*: Statistical Yearbook of Bangladesh, 2003. Bangladesh Bur. Stat., Stat. Div., Minis.Plan., Governo da República Popular do Bangladesh.

Barber, S.; H. Mitsuda e H. S. R. Desikachar. 1975. Estudos sobre uma experiência de armazenamento a longo prazo do pacote de grãos de sementes pela técnica CEM. Rice report, pp. 47-48.

Bedford, L. V. 1974. Teste de condutividade em sementes comerciais e colhidas à mão de cultivares de ervilha e sua relação com o estabelecimento no campo. Seed Sci. Tech. 2: 323-335.

Begum, S.; A. Imam e A. L. Khandakar. 1993. Environmental factors influencing the yield and quality of jute seed (Seed production round the year). Ann. Rep. (1992), Bangladesh Jute Res. Inst., Dhaka. pp. 111-116.

Bhaswati, R.; T. K. Majumdar e B. Ray. 1995. Efeito da data de sementeira e do nível de azoto no rendimento das sementes de juta branca e juta tossa. Agric. Sci. 65 (12): 891-893.

Bhattacharyya, J. P. e A. K. Dutta. 1972. Armazenamento de sementes de juta. Jute Bull. 33 (7 & 8): 129-130.

BJRI (Instituto de Investigação da Juta do Bangladesh). 1990a. Nabi Pat Beez Utpadhan (uma brochura em bengali). Sher-e-Bangla Nagar, Dhaka.

BJRI. 1990b. Pater Unnata Jatshomuha (uma brochura em Bengali). Instituto de Investigação da Juta do Bangladesh. Sher-e-Bangla Nagar, Dhaka.

Blowers, L. E.; D. A. Stormonth e C. M. Bray. 1985. Síntese de proteínas e perda de vigor em embriões de trigo em germinação. Plant Sci. Letters. 37: 257-264.

Bokaria, K. e B. Sasmal. 1994. Varietal differences in root and shoot characters of *Corchorus olitorius* L. at pot culture condition. Environ. Ecol., BEKV. Índia, 12(3): 640-643.

Bose, R. G. e J. P. Bhattacharyya. 1974. Jute seed storage and oxygen requirements. Current Science. 43(23): 756 -757.

Bruggink, H. 1989. Avaliação e melhoria dos métodos de ensaio de vapor. I. Um procedimento alternativo para o ensaio de deterioração controlada. Ata. Horticulturae. 253:143-152.

Byrd, H. W. 1970. Efeito da deterioração das sementes de soja (*Glycine max*) na capacidade de armazenamento e no desempenho no campo. Ph.D. Dissert. Miss. Stat Univ., State College, Miss.

Byrum, J. R. e L. O. Copeland. 1995. Variabilidade no teste de vigor de sementes de milho (*Zea maize* L.). Seed Sci. Tech. 23: 543-549.

Chanda, S. C.; M. A. Kader; M. M. Islam e M. M. Haque. 1999. Effects of sowing dates on the yield and quality of jute and kenaf seeds. Bangladesh J. Seed Sci. Technol. 3(1&2): 11-16.

Come, D. e T. Tissaoui. 1973. Interrelated effects of imbibition, temperature and oxygen on seed germination. *Em* Seed Ecology (ed: Heydecker, W). pp. 157168. (Actas da 19ª Escola de Ciências Agrícolas da Páscoa (1972), Universidade de Nottingham), Butterworths, Londres.

Castillo, A. G.; J. G. Hampton e P. Coolbear. 1993b. Influência dos caracteres de qualidade da semente na emergência em campo de ervilhas de jardim (*Pisum sativum* L.) em várias condições de sementeira. New Zealand J. Crop and Hort. Sci. 21: 197-205.

Chatterjee, P. K.; P. D. Shaha; S. N. Gupta; S. N. Ganguly e S. M. Sircar. 1976. Chemical examination of viable and non-viable rice seeds (Exame químico de sementes de arroz viáveis e não viáveis). Pl. Physiol. 38: 307308.

Choudhuri, S. D. 1960-61. Some problems of agricultural research onjute. Jute and Jute Fabrics. Pakistan. 1(2-3): 39-42.

Choudhuri, S. D. e M. K. Ali. 1962a. Report on survey of cost of production of jute in East Pakistan. Ann. Rep. para 1958-59. Paquistão Cen. Comissão da Juta do Paquistão. p 42.

Choudhuri, S. D. e M. K. Ali. 1963. Pat beezer utpadan-o-bister (a Bengali Booklet). East Pakistan Govt. Press, Dhaka.

Choudhury, R. 1994. Influência do peso da semente na germinação de sementes de juta (*Corchorus capsularis* L). Bangladesh J. Jute Fib. Res. 19(1): 53-58.

Ching, T. M. 1973. Aspectos bioquímicos do vigor das sementes. Seed Sci. Tech. 1: 73-88.

Christensen, C. M. 1972. Microflora and seed deterioration in viability of seeds (ed. Roberts, E.

H.) Chapman and Hall. London.

Come, D. e T. Tissaoui. 1973. Efeitos inter-relacionados de imbibições, temperatura e oxigénio na germinação de sementes. *In*: Seed Ecol. W. Heydecker (ed.). Proc. décimo nono Easter School Agril. Sci. 1972. Univ. de Nottingham, Butterworths, Londres. pp. 157-168.

Copeland. L. O. 1976. Principles of Seed Science and Technology (Princípios da Ciência e Tecnologia das Sementes). Burgess Pub. Com., Minneapolis, Minnesota. pp. 164-165.

Copeland, L. O. e M. B. McDonald. 1995. Germinação de sementes. *In*: Principles of Seed Science and Technology (3rd ed: Chapman and Hall). Nova Iorque. pp. 59-110.

Das, K.; J. K. Choudhury e B. Guha. 1994. Efeito do espaçamento e recorte na produção de sementes de variedades de juta (*Corchorus* spp). Indian J. Agron. 39(3): 506-507.

Das, K.; J. K. Choudhary e D. K. Patgiri e Patgiri, D.K.1995. Efeito do tempo de semeadura e da população de plantas no rendimento de sementes de juta olitorius. Annals Agril. Res. 16 (1): 114-116.

Das, K. e B. Guha. 1995. Efeito do espaçamento e do tempo de plantio na produção de sementes de juta olitorius propagada por meios vegetativos. Annals Agril Res. 16 (4): 520521.

Das, N.R. e T. K. Majumdar. 1977. Rendimento de juta afetado pela data de semeadura e espaçamento (em área inundada). Indian J. Agron. 22(2): 125-126.

Delouche, J. C. 1971. Determinantes da qualidade das sementes. *In* Sc. Proc., Seed Testing Lab. Mississippi State Univ., Mississippi State, EUA. pp: 53-68.

Delouche, J. C. e C. C. Baskin. 1973. Técnicas de envelhecimento acelerado para prever a capacidade de armazenamento relativa de lotes de sementes. Seed Sci. Tech. 1: 427-452.

Delouche, J. C. 1980. Efeitos ambientais no desenvolvimento e na qualidade das sementes. Hort. Sci. 15: 775-780.

Dhesi, N. S. 1963. Seed Certification, Processing, Testing and Storage. Conselho Indiano de Agricultura. Res. Misc. Bull. No. 88: 90.

Duezmal, K.; K. Ratojczak; D. Come e F. Corbineau. 1993. Teste condutométrico para sementes simples de ervilha. Proc. 4th Workshop internacional sobre sementes; Aspectos básicos e aplicados da biologia das sementes. Angers, França, 3: 997-1002.

Ellis, R. H. e E. H. Roberts. 1981. A quantificação do envelhecimento e sobrevivência em sementes ortodoxas. Seed Sci. Tech. 9: 373-409.

Fakir, M. S. A. e M. A. Alam. 1999. Efeito dos recipientes de armazenamento na qualidade das sementes de juta. Bangladesh J. Seed Sci. Technol. 3(1 &2): 77-82.

Fazli, S.M.I. e Q.A. Ahmed. 1960. Organismos fúngicos associados a sementes de juta e o seu efeito em sementes germinadas e plântulas. Agric. Pakis. II: 393-406.

Gelmond, H. 1978. Problemas na germinação de sementes de culturas. Pp. 1-78. *In*: Crop Physiology (ed. Gupta, U. S.), Oxford e IBH publishing Co. New Delhi.

Ghosh, M e S. Sen. 1983. Influência do tamanho da semente nos caracteres de crescimento da juta (*Corchorus olitorius* L.). Field Crops Abst. 36: 934.

Gomez, A. K. e A. A. Gomez. 1984. Statistical Procedures for Agricultural Research. Second Edn. John Wiley and Sons Inc., Nova Iorque. pp. 304-307.

Gray, D. e T. H. Thomas. 1982. Germinação de sementes e emergência de plântulas influenciadas pela posição de desenvolvimento da semente e aplicação de produtos químicos na planta-mãe. *In*: The physiology and biochemistry of seed development: Dormência e germinação. (Khan, A. A. editado), Holanda. pp. 81-110.

Guha, B. e K. Das. 1997. Efeito do espaçamento e da data de produção na produção de sementes de juta (*Corchorus capsularis*) propagadas por meios vegetativos. Indian J. Agron. 42(2): 385-387.

Haque, S. 1995. Adequação pariental para a técnica de produção tardia na produtividade de sementes, Ann. Rep. 1995. Bangladesh Jute Res. Inst., Dhaka. pp. 147-149.

Haque, S. e A. L. Khandakar. 1992. Determinação da dormência inicial em sementes de juta (*Corchorus olitorius L.*). Ann. Rep. Bangladesh Jute Res. Inst., Dhaka. pp. 120121.

Haque, S.; S. Begum e A. L. Khandakar. 1997. Studies on seedling abnormalities in jute. Bangladesh J. Jute Fib. Res. 22(1&2): 32-38.

Hampton, J. G. e P. Coolbear. 1990 Potential versus atual seed performance-cam- vigor testing provides an answer? Seed Sci. Tech. 18: 215-228.

Hampton, J. G.; K. A. Johnston e V. Eua-Umpon. 1992. Testes de vigor de envelhecimento para lotes de sementes de feijão mungo e feijão rancho. Seed Sci. Tech. 20: 643-653.

Harrington, J. F. 1960. Secagem, armazenamento e embalagem de sementes para manter a germinação e o vigor; Seed drying and storage. Seeds-men's Digest. 11: 16, 56-57, 64, 68.

Harrington, J. F. 1963. Conselhos práticos e instruções sobre o armazenamento de sementes. *Em Proc.* Intnl. Seed Test. Assoc. 28: 989-994.

Harrington, J. F. e J. E. Douglous. 1970. Seed storage and packaging-Applications for Indian National Seed Corporation and Rockfeller Foundation. New Delhi.

Hepburn, H. A.; A. A. Powell e S. Matthews. 1984. Problemas associados à aplicação rotineira de medições de condutividade elétrica de sementes individuais no teste de germinação de ervilha e soja. Seed Sci. Tech. 12: 403-413.

Heydecker, W. 1969. O vigor das sementes - uma revisão. *Em Proc.* Intnl. Seed Test. Assoc. 34: 201-209.

Heydecker, W. 1972. Vigor. *In*: Viability of seeds. (ed: Roberts, E. H.) Syracuse Univ. Press. p. 208 -252.

Heydecker, W. 1973. Seed Ecology. Buttere Worth, Londres.

Hopper, N. W. e H. R. Hinton. 1987. Condutividade eléctrica como medida da qualidade da semente de plantação em algodão. Agron. J. 79: 147-152.

Hossain, M.A. e S. A. Hashim. 1985. Resposta à data de sementeira de capsularis para o duplo objetivo de sementes e fibras para o máximo rendimento económico. Ann. Rep. (1984), Bangladesh Jute Res. Inst., Dhaka. pp. 376-377.

Hossain, M.A. e M. A. Wahhab. 1992. Demonstração e avaliação das tecnologias recomendadas e dos agricultores na cultura da juta. Abs. Res., Agril. Res. sobre Juta. Bangladesh Jute Res. Inst. p. 250.

Hossain, M. A.; M. N. Haque e M. A. Wahhab. 1982. Performance of BJRI's improved cultivars under farmers' management. Jute and Jute Fabrics Bangladesh. 6: 6-11.

Hossain, A.; S.A. Mannan; K. Sultana e A.L. Khandakar. 1994a. Survey on the constrains of quality jute seed at farm level. Res. Rept., Agril. Support Serv. Proj., Instituto de Investigação da Juta do Bangladesh, Dhaka, Bangladesh.

Hossain, M.A.; S. Haque; K. S. Sultana; M. M. Islam e A.L. Khandkar. 1994b. Research on late jute seed production. Pub. Seed Tech. Seed Tech. Team, Bangladesh Jute Res. Inst., Dhaka. pp. 176-178.

Hossain, M. A.; S. A. Hashim e C. K. Saha. 1986. Determinação da melhor época de sementeira, densidade óptima de população e fertilizante adequado para o rendimento de sementes de variedades menos fotossensíveis recentemente desenvolvidas de juta branca e tossa. Ann. Rep. (1986), Bangladesh Jute Res. Inst., Dhaka, pp. 286-288.

Hossain, M.A. e S. Iqbal. 1992. Melhoria da tecnologia de produção de sementes. Ann. Rep. (1991), Bangladesh Jute Res. Inst., Dhaka, Bangladesh, pp. 183-188.

Hossain, M.A.; M. M. Islam; M. A. Ahad; G. Rabbany; N. Zaman e G. Murshed. 1992. Produção de sementes por transplantação. Ann. Rep. (1992), Bangladesh Jute Res. Inst., Dhaka. pp. 152-154.

Hossain, M.A.; M. M. Islam; M. A. Ahad; G. Rabbaby; N. Zaman e G. Murshed. 1993. Improvement of Seed Production Technologies, Ann. Rep. (1992). Bangladesh Jute Res. Inst., Dhaka, Bangladesh. pp. 150-151.

Hossain, M.A.; A. K. M. A. Prodhan; M. S. A. Fakir e M. L. Rahman. 1990. Effect of different planting times during off-season on the morphological characters and seed yield of jute plants. Bangladesh J. Jute Fib. Res. 15 (1-2): 73-86.

Hossain, M.A. e M. A. Wahhab. 1980. Efeito da data de sementeira e do descabeçamento no rendimento de sementes e fibras de *C. capsularis* L. Abst. Res. (1992), Bangladesh Jute Res. Inst., Dhaka pp. 244-245.

Hossain, M.A. e M. A. Wahhab. 1981. Efeito da data de sementeira e do descabeçamento na produção de sementes de *C. capsularis* L. Ann. Rep. (1980), Bangladesh Jute Res. Inst., Dhaka, p. 85.

Hossain, M.A. e M. A. Wahhab. 1982. Produção de sementes de culturas decapitadas e não decapitadas afectadas pelo espaçamento entre plantas. Ann. Rep. (1981), Bangladesh Jute Res. Inst., Dhaka. pp. 132-133.

Hussain, M. 1977. Estudos sobre o efeito da duração curta do dia na indução de flores de algumas cultivares seleccionadas de juta. Bangladesh J. Jute Fib. Res. 2(1): 73-77.

Huang, F. M. e G. R. Jin. 1983. A influência dos métodos de armazenamento e da duração na viabilidade das sementes de juta e kenaf. China's Fibre Crops. 4: 11-15.

Islão. K.M.M. e S. Iqbal. 1992. Efeito da decapitação e do tempo de transplante de plântulas e rendimento de juta, kenaf e mesta na produção de sementes fora de época Ann. Rep.(1993). Bangladesh Jute Res. Inst., Dhaka. p. 241.

Islam, K. M. M., S. Iqbal, M. L. Rahma e A. Khan. 1993. Effect of detopping on yield of jute, kenaf and mesta in off-season seed production. Ann. Rep., BJRI, Dhaka. p.241.

Islam, R.; S. Iqbal; A. Rahman e M. L. Rahman. 1994. Estudo comparativo de quatro métodos diferentes de produção de sementes de juta. Bangladesh J. Jute Fib. Res. 19(1): 27.

Islam, M. M. 1994. Conceção de um novo teste de vigor para sementes de juta. Investigação sobre a produção tardia de sementes de juta (tratamento de sementes e teste de vigor). Equipa de investigação tecnológica de sementes. ASSP. MOA (Seed Wing), Governo da Republica Popular do Bangladesh. Bangladesh. p.24.

Islam, M. M. 1996. Teste de vigor e germinação de sementes de juta. Proc. Workshop de pesquisa de tecnologia de sementes, realizado em Bangladesh Agril. Res. Workshop, realizado no Bangladesh Agril. Res. Coun., Dhaka. 31 de outubro. Bangladesh Jute Res. Inst. (Res. part). p. 3.

Islam, M. M. 1997. Refinamento do teste de vigor em juta, incluindo um teste simples para os agricultores. Proc. Workshop de Investigação Tecnológica de Sementes. Res. Workshop. Realizado no Bangladesh Agril. Res. Coun., realizado em 30 de outubro. Bangladesh Jute Res. Inst. (Res. part). p.4.

Islam, M. M.; K. R. Haque; A. A. Miah; M. Nuruzzaman e A. Rahman. 1995. Response of stage of harvest to yield, yield components and quality of jute fibre. Bangladesh J. Jute Fib Res.

20(1): 9-15.

Islam, M. M.; S. C. Chanda; M. M. Haque e M. S. M. Chowdhury. 1999. Weight volume relationships of jute, kenaf and roselle seeds on requirement of storage spaces. J. Agril. Educa. Tech. 2(1): 33-36.

Islam, M. M.; R. Islam; M. Nuruzzaman; R. K. Ghosh; M. A. Alamgir; A. K. M. S. Hossain e Z. A. Rafique. 2002. Estudo sobre o estado de qualidade das sementes e o rendimento de fibras de diferentes categorias de sementes de juta. Pakistan J. Agron. 1(1): 41-43.

Islam, M. M.; I. Ahmed; N. Akter; M. M. Rahman; M. L. Rahman e N. Sultana. 2002. Testes de viabilidade e vigor de sementes de juta. Pakistan J. Agron. 1(1): 44-46.

Islam, M. M.; M.A.R. Sarkar; M. Ahmed; B. Begum e N. Sultana. 2005. Um estudo comparativo sobre métodos de produção de sementes de juta convencionais, de corte superior e de sementeira tardia. J. Subtrop. Agric. Res. Dev. 3(1): 29-33.

ISTA (Associação Internacional de Ensaios de Sementes). 1976a. Regras internacionais para o ensaio de sementes. Regras 1976. Seed Sci. Tech. 4: 3-49.

ISTA (Associação Internacional de Ensaios de Sementes). 1976b. Regras internacionais para o ensaio de sementes. Anexos 1976. Seed Sci. Tech. 4: 51-177.

ISTA (Associação Internacional de Ensaios de Sementes). 1981. Handbook of Vigour Test Methods (Manual de Métodos de Teste de Vigor). Primeira edição (ed. Perry, D. A.). pp. 72. Associação Internacional de Ensaios de Sementes, Zurique, Suíça.

ISTA (Associação Internacional de Ensaios de Sementes). 1985. Regras internacionais para o ensaio de sementes. 1985. Seed Sci. Tech. 13: 356-513.

ISTA (Associação Internacional de Ensaios de Sementes). 1995. Handbook of Vigour Test Methods. Terceira edição (eds. Hampton, J.G. e D.M. Tekrony). pp. 117. Associação Internacional de Ensaio de Sementes. Assoc., Zurique, Suíça.

Jain, N. K. e J. R. Saha. 1971. Efeito da duração do armazenamento na germinação de sementes de juta (*Corchorus* spp). Agron. J. 63: 636-638.

JARI (Instituto de Investigação Agrícola da Juta) 1963. Estudos sobre os factores que influenciam o rendimento da fibra da juta. Culturas de Campo. Abst. 1964. 16(2): 22.

Johansen, C.; M. Waseque e S. Begum. 1985. Efeito e interação do fotoperíodo, stress hídrico e azoto na floração e crescimento da juta. Field Crop. Res. 12: 397-406.

Joseph, J., A. Saha e T. K. Kundu. 1974. Alguns estudos de correlação simples em juta relativos ao rendimento de sementes e seus componentes. Jute Bulletin 37(3-4): 51 [Field Crop Abst. 1977. 30(5): 294].

Justice, O. L. e L. N. Bass. 1978. Principles and Practices of Seed Storage (Princípios e Práticas de Armazenamento de Sementes). Agric. Handbook. No. 506, USDA.

Kaprolova, N.P. 1951. Variedades nativas de juta. Russian Selek semenovod 17:42-47 [Field Crop Abst. 1953.4(2): 72].

Kar, B.K. 1963. Investigação sobre a fisiologia da juta, Parte VI. Avaliação do comportamento da floração em diferentes variedades de *Corchorus capsularis* L. e *Corchorus olitorius* L. Proc., Nat. Inst. Sci., Ind. part B. 28(1): 49-76.

Khan, A.; M. A. Samad; M. A. Hossain; M. M. Islam e G. Rabbany. 1997. Efeito da data de sementeira e da variedade na produção de sementes de juta *olitorius*. Bangladesh J. Jute Fib. Res. 22(1&2): 19-25.

Khandakar, A. L. 1980. A rational basis for testing jute seed quality. Bangladesh J. Jute Fib. Res. 5(1&2): 51-57.

Khandakar, A. L. 1982. Estudos sobre a viabilidade do armazenamento e a germinação de sementes de juta. Tese de Doutoramento. Univ. de Londres. pp. 1-4.

Khandakar, A. L. 1983. Exame físico-químico da qualidade das sementes de juta (*C. capsularis* L.) e (*C. olitorius* L.). Bangladesh J. Jute Fib. Res. 8: 1-4.

Khandakar, A. L. 1984a. Efeito da deterioração da semente na inibição do crescimento da raiz em juta. Bangladesh J. Jute Fib. Res. 9(1 &2): 61-64.

Khandakar, A. L. 1984b. A review on seed deterioration and its measurement. Jute and jute Fab. Bangladesh Jute Res. Inst. 10(11): 6-9.

Khandakar, A. L. 1987. Jute seed at farm level. Agril. Econ. Social Sci. Prog., Bangladesh Agril. Res. Coun., pp. 1-75.

Khandakar, A. L. e J. W. Bradbeer. 1983. Qualidade das sementes de juta. Agril. Econ. Social Sci. Prog., Bangladesh Agril. Res. Coun., Dhaka. pp. 1-92.

Khandakar, A. L.; A. Khatun; G. Rabbani; K. Sultana; M. Kader; S. Begum e S. Haque. 1994. Revisão da literatura sobre a investigação de sementes de juta no Bangladesh. Agril. Projeto de Serviço de Apoio à Agricultura, Instituto de Investigação da Juta do Bangladesh, Dhaka. pp. 23-24.

Khandkar, S.; H. Begum; A. K. M. M. Alam; M. M. Alam; S. A. Ahmad; M. S. Iqbal e M. M. Islam. 1992. Salinity effect on germination and seedling growth of seeds of different species of jute (*Corchorus spp.*) and allied fibre (*Hibiscus spp)*. Bangladesh J. Jute Fib. Res. 17(1 &2): 85-91).

Koostra, P. 1973. Change in seed ultra structures during senescence. Seed Sci. Tech. 1: 417-425.

Krishnasamy, S. e D.V. Seshu. 1990. Germinação após envelhecimento acelerado e caracteres associados em variedades de arroz. Seed Sci. Tech. 18: 147-156.

Li, T. D. 1964. Uma discussão sobre a causa e a prevenção da floração precoce da juta. Chinese J. Agric. Sci. 6: 12-13 [Field Crop Abst. 1965. 17(1): 56]

Loeffler, T. M.; D. M. Tecrony e D. B. Egli. 1988. O teste de condutividade aparente como indicador da qualidade das sementes de soja. J. Seed Tech. 12: 37-53.

Majumdar, S. K. 1978. Propagação vegetativa da juta: Efeito do comprimento do corte no enraizamento e na produção de sementes de juta (JRO 632). Indian J. Agril. Sci., 22(2): 119123.

Mandal, P. B. e M. A. K. Mojlis. 1985. Variações no volume, densidade, peso e contagem de sementes entre seis variedades de juta tossa (*Corchorus olitorius* L.). Bangladesh J. Jute Fib. Res. 10(1&2): 39-47.

Marshall, A. H. e R. E. L. Naylor. 1984. Razões para o mau estabelecimento de gramíneas semeadas diretamente. Ann. App. Biol. 105: 87-96.

Matthes, R. K.; J. C. Delouche e G. B. Welch. 1969. Condicionamento de sementes para ambientes tropicais. J. No. 1738. Seed Technol. Lab., Mississippi State Univ., Mississippi State, EUA.

Matthews, S. 1979. Testes de vigor em cereais. Prosa 79. *In Proc.* Workshop realizado no Lincoln College, Nova Zelândia, em fevereiro de 1979. P. 77.

McDonald, M.B. Jr. e R. Praneendranath. 1978. Um teste de vigor de sementes de envelhecimento acelerado modificado para soja. J. Seed Tech. 3: 27-37.

McDonald, M. B. 1980a. Avaliação da qualidade das sementes. Hort. Sci. 15: 784-788.

McDonald, M. B. 1980b. Relatório do subcomité do teste de vigor. Associação dos Analistas Oficiais de Sementes. Newsletter. 54(1): 37-40.

McDonald, M.B. e Copeland, L. O. 1997. Harvesting *In*: Seed Production Principles and Practices (Princípios e Práticas de Produção de Sementes). Chapman and Hall, Nova Iorque, E.U.A. pp. 59-74.

Mcllory, R. J. 1963. An Introduction to Tropical Cash Crops. Primeira Edn. Ihadan University Press. pp. 7-9.

Mian, A. L. e M. O. Gani. 1971. Efeito da época de plantação no rendimento da semente de juta. Indian J. Agril. Sci. 41(11): 938-943.

Mishra, G.C. e S. C. Nayak. 1997. Effect of sowing date and row spacing on seed production of jute (*Corchorus* spp.) genotypes with or without clipping. Indian J. Agron. 42 (3): 531-534.

Michiyama, H. e R. Yamamoto. 1990. Germinação de sementes de juta e malva-da-índia. Relatório da Tokyo Branch Crop Sci. Soci. Japan. 110: 9-14.

Mitra, S.; G. Ghose e S. M. Sircar. 1974. Physiological change in rice seeds during loss of viability. Indian J. Agric. Sci. 44: 744-751.

Mohanty, S. K. e M. C. Sahoo. 1992. Effect of soaking period, seed size and growth regulators on imbibitions and germination of seeds of some field crops. Orissa J. Agril. Res. India. 5(1 &2): 30-35.

Mollah, A. F.; M. M. Haque; S. M. M. Ali; A. T. M. M. Alam; A. B. Siddique e M. G. Mostafa. 2002. Avaliação da qualidade de sementes de juta recolhidas de diferentes fontes. Online J. Biol. Sci. 2(7): 477-480.

Moore, R. P. 1972. Effects of mechanical injuries in viability of seeds. (Ed: Roberts, E. H.), Syracuse Univ. Press. EUA. pp. 94-111.

Mora, A. M. C. e Z. R. Echandi. 1976. Avaliação do efeito da condição de armazenamento sobre a qualidade de arroz (*Oryza sativa* L.) e milho (*Zea mays* L.). Tutorial de Sementes. 26: 413-416.

Murshed, M. G. e M. S. Alam. 1982. Efeito da época de sementeira na produção de sementes de uma variedade de juta tolerante a dias curtos. Bangladesh J. Jute Fib. Res. 7(1 &2): 1-4.

Narasimhareddy, S. B. e P. M. Swamy. 1977. Gibberellins and germination inhibitor in viable and non-viable seeds of peanut. J. Exp. Bot. 28: 215-218.

Nautiyal, A. R.; A. P. Thapliyal e A. N. Purohit. 1985. Seed viability in salinity: protein changes, accompanying loss of viability in *Shorea robusta*. Seed Sci. Tech. 13: 83-86.

Normah, M. N. e H. F. Chin. 1991. Mudança na germinação, respiração e condutividade do lixiviado durante o armazenamento de sementes *de Hevea*. Pertanika. 14: 1-6.

Paricha, P. G.; A. M. Path e J. K. Sahoo. 1977. Estudos sobre o equilíbrio higroscópico e a viabilidade do arroz armazenado sob várias humidades relativas. Seed Res. 5: 1-5.

Patel, J. S. e K. S. Dargon. 1968. Preliminary studies on the optimum requirement of water for jute seed germination. Jute Bull. 31: 74-78.

PCJC (Comité Central da Juta do Paquistão). Relatório anual para 1966-67. Pak Cen. Jute Comm. pp. 99-102.

Perez, M. A. e J. A. Arguello. 1995. Deterioração de sementes de amendoim (*Arachis hypogiae* L. CV. Florman) sob envelhecimento natural e acelerado. Seed Sci. Tech. 23: 439-445.

Perry, D. A. 1972. Seed and seedling vigor. Seed Biol. 1: 313-387.

Pollock, B. M. 1972. Efeitos do ambiente após a sementeira na viabilidade. *In*: Viability of Seed (E. H. Roberts, ed.). Syracuse Univ. Press. Syracuse, New York. pp. 150-170.

Powell A. A.; R. Don; R. Haigh; G. Phillips; J. H. B. Tonkin e O. E. Wheaton. 1984. Assessment of repeatability of controlled deterioration vigour test both within and between laboratories. Seed Sci. Tech. 12: 421-427.

Quader, M. A. e M. K. Ali. 1974. Estudos sobre a qualidade das sementes de juta em diferentes estádios de maturação. Bangladesh Agril. Sci. Abst. 2: 83-84.

Rahman, M. A. e S. H. Chowdhury. 1978b. Studies on the seed quality produced by top cutting of jute. Bangladesh J. Sci. Ind. Res. 13(1-4): 121-126.

Rahman, M.L.; M. A. Prodhan e M. A. Hossain. 1989. Viabilidade e vigor de sementes de juta cultivadas fora de época. Universidade de Chittagong (Bangladesh). Proc. do 6th National Bot. Chittagong. p. 28-29.

Rajanna, B. 1972. Danos causados pelo calor às sementes de algodão (*Gossypium hirsutum* L.) e seu efeito na qualidade das sementes e no crescimento e desenvolvimento da planta. PhD. Dissert., Miss Stat Univ., Miss Stat, Miss.

Roberts, E. H. 1972. Viability of Seeds. Chapman and Hall, Londres.

Roberts, E. H. 1972. O ambiente de armazenamento e o controlo da viabilidade. Viabilidade das sementes. Syracuse Univ. Press. Syracuse, N. Y. p. 20.

Roberts, E. H. 1973a. Perda de viabilidade: aspectos ultra-estruturais e fisiológicos. Seed Sci. Tech. 1: 529-545.

Roberts, E. H. 1973b. Previsão do tempo de armazenamento das sementes. Seed Sci. Tech. 1: 499-514.

Roberts, E. H. 1981. Fisiologia do envelhecimento e sua aplicação na secagem e armazenamento. Seed Sci. Tech. 9: 359-372.

Roberts, B. E. e D. J. Osborne. 1973. Síntese de proteínas e viabilidade em grãos de centeio. *In*: Ecologia de sementes. Butter worth, Londres.

Roos, E. E. 1980. Alterações fisiológicas, bioquímicas e genéticas na qualidade das sementes durante o armazenamento. Hort. Sci. 15: 781-784.

Roy, M. e K. Gupta. 1979. Effect of temperature promoters on germination of some commonly cultivated varieties of rice. GEOBIOS (Jodhpur). 3: 210-212.

Roy, B. 1968. Correlação entre a altura da planta e a época de floração na juta (*Corchorus olitorius* L.). Indian Agric. 10(1): 59-63.

Roy, R. K. e K. N. Singh. 1988. Efeito da sementeira e dos espaçamentos na produção de sementes de juta (*C. olitorius*). Irrigation Res., Bihar State,, India. Jute Dev. J. 8 (4): 18-20.

Roy, D. K. S.; A. Hamid; M. G. Miah e A. Hashem. 1996. Efeito da variação do tamanho das sementes na germinação e no tamanho das plântulas. Agron. and Crop Sci. 178: 79-82.

Salim, M.; M. A. Hannan; M. A. R. Sarkar e M. Ali. 1998. Qualidade da semente na cultura de sementes tardias afetada pela sementeira tardia. Bangladesh J. Seed Sci. Tech. 2: 11-17.

Sarker, A.A. e S. M. Gril. 1962. Effect of certain agronomic factors on the adaptability and yield of jute West Pakistan, Res. Studies 1: 23-26.

SCA (Agência de Certificação de Sementes). 2000. Seed Testing Manual, Strengthening of Seed Certification Agency Project, Seed Certification Agency, Gazipur, Minis. Agric., Governo da República Popular do Bangladesh. Bangladesh. p. 35-211.

Schachl, R. 1984. Investigação de sementes de juta. Proc. Consulta de exportação patrocinada pela FAO sobre o melhoramento da juta e do kenaf. Dhaka, 12-15 de setembro de 1983. Bangladesh Jute Res. Inst., Dhaka, p. 67-82.

Sengupta, J. C. 1953, Estudos sobre a fisiologia das plantas de juta. (i) Efeito da época de sementeira e da vernalização no crescimento e desenvolvimento das plantas de juta. Indian Cen. Jute Comm. p. 300.

Sengupta, J. C. e G. Sen. 1951. Effect of shortening the daily light period in the morning and in the evening in short day tolerant of jute. Curr. Sci. 19: 184185 [Field Crop Abst. 1953. 4(1): 25].

Sengupta, J. C. e G. Sen. 1953. Further investigation on photoperiodic effect on jute. Indian J. Agric. Sci. 22(1): 1-33.

Sengupta, J. C. e N. K. Sen. 1946. Photoperiodism in jute. Nature, 157: 655-656.

Shaha, J. R e J. C. Sengupta. 1963. Efeito da interceção de 14 horas de escuridão de 10 horas de tratamento fotoperiódico por 30 minutos de luz após diferentes períodos de escuridão na floração e crescimento da juta. Sci. and Cult. 28(8): 389- 390 [Field Crop. Abst. 1965. 16(3): 199].

Shakra, S. S. e T. M. Ching. 1967. Atividade mitocondrial na germinação da semente velha de soja. Crop Sci. 7: 115-118.

Sheih, W. J. e M. B. McDonald. 1982. The influence of seed size, shape and treatment on inbred seed corn quality. Seed Sci. Tech. 10: 306-313.

Shi, S. X.; C. Y. Jang e Y. Tian. 1982. Um estudo preliminar sobre a viabilidade das sementes de arroz. Ata Botanica. 24: 285-288.

Singh, N.P. e M. C. Saxena. 1975. Effect of dates of planting and row spacing on the seed yield of jute varieties. Indian J. Agron. 20 (3): 271-273.

Singh, K. P. e K. Singh. 1983. Germinação de sementes e resposta ao crescimento de plântulas de algumas cultivares de arroz a tratamentos de potencial hídrico. Indian J. Plant Physiol. 26: 182-189.

Sittisroung, P. 1970. Deterioração de sementes de arroz (*Oryza sativa*) no armazenamento e sua influência no desempenho no campo. Tese de doutoramento. Miss. State Univ., Stat College, Miss.

Sobhan M.A. e R. Khatun. 1986. Efeito da humidade e da temperatura na viabilidade das sementes de juta, kenaf e mesta. Abst., Agril. Res. sobre juta. Bangladesh Jute Res. Inst. p. 221.

Sohel, M.A.; M. Salim e M. A. Hossain. 2002. O corte superior é uma técnica melhorada na produção de sementes de juta. Bangladesh J. Seed Sci. Technol. 6(1 &2): 103-107.

Sohel, M.A.; M. Salim e M. A. Hossain. 2000-2003. Resposta do corte superior na produção de sementes de juta de qualidade. Bangladesh J. Jute Fib. Res. 24(1-8): 65-70.

Sultana, K. e A.C. Biswas. 1992. Efeito da podridão do caule e da doença da antracnose na infeção da juta de frutos e sementes (*Corchorus capsularis* L.). Bangladesh J. Jute and Fib. Res. 17(1&2): 99-102.

Tai, C.C., Chi, C.Y., Li, Y.L. e Chow, H.S. 1964. Estudo sobre o efeito da data de sementeira na produção de sementes de juta. J. Agric. Assoc., China, 1963. 41: 52-62 [Field Crop Abst. 1965. 17(1): 56].

Takahashi, N. 1984. Germinação de sementes e crescimento de mudas. Japan Sci. Soc. Press. Tóquio. pp. 71-88.

Talukder, F.A.H. 1986. Estudos sobre o rendimento de fibras de juta em diferentes datas de sementeira. Abst., Agric. Res. (1992), BJRI, Dhaka. pp. 279-280.

Talukder, F. A. H. e M. A. Akanda. 1994. Maturidade fisiológica das sementes de juta branca e sua influência na viabilidade. Bangladesh J. Train. Dev. 7 (1): 53-57.

Talukder, F. A. H. e M. A. Hossain. 1989. Resposta dos componentes de rendimento de *Corchorus capsularis* L. à produção de sementes. Bangladesh J. Jute Fib. Res. 14(2): 3135.

Talukder, F.A.H.; M. A. Hossain; S. A. Hashim e M. A. Wahhab. 1979. Estudo comparativo sobre o crescimento e a produção de fibras de juta branca. Abst., Agric. Res. (1992), Bangladesh Jute Res. Inst., Dhaka, Bangladesh. p. 242.

Talukder, F. A. H. e M. K. Ali. 1977. Viabilidade das sementes e vigor das plântulas de *C. capsularis* L. em relação ao tamanho das sementes. Bangladesh J. Jute Fib. Res. 2: 1924.

Talukder, F. A. H. e M. K. Ali. 1979. Viabilidade das sementes de juta em relação à maturidade dos frutos. Bangladesh J. Agric. Res. 4 (1&2): 30-35.

Talukder, F. A. H. e M. A. Rahman. 1977. Efeito do armazenamento de sementes de juta a 100% de humidade relativa na germinação e na estrutura das plântulas. Bangladesh J. Jute Fib. Res. 2: 67-73.

Tekrony, D. M. e D. B. Egli. 1977. Relação entre os índices laboratoriais de vigor das sementes de soja e a emergência no campo. Crop Sci. 17: 573-577.

Temiesagdie, P. e T. Takano. 1990. Teste de vigor de sementes de milho doce. The Kasetsart Jour. 24(5): 17-23.

Thakuria, K. e K. K. Sarma. 1991. Efeito da data de sementeira e do espaçamento na produção de sementes de juta capsularis. Indian J. Agron. 36 (1): 36-39.

Thomson, J. R. 1979. Qualidade das sementes: *In*: An Introduction to seed technology (Ed: Thomson, J. R.). Leonard Hill Thomson Litho Ltd., East Kilbride, Escócia. pp. 1-15.

Thornley, J. H. M. 1986. Um modelo de germinação: Respostas ao tempo e à temperatura. J. Theor. Biol. 123: 481-492.

Verma, M. M. e M. Arora. 1978. Further studies on seed testing procedures for jute (*Corchorus capsularis* L. and *C. olitorius* L.). Seed Res. 6(2): 151-157.

Villers, T. A. 1978. Humidade e armazenamento de sementes. Seed Sci. Tech. 6(4): 993-996.

Wahhab, M.A. e M. K. Ali. 1976. Ensaio de sementes de *Corchorus capsularis* L. e *C. olitorius* L. utilizadas por produtores de juta. Abst. First Bangladesh Sci. Confer. Agric., A.24-A.25.

Wahhab, M. A. e M. A. Hossain. 1979. Desempenho de sementes colhidas em diferentes estádios de maturação na emergência de plântulas, estabelecimento, crescimento, rendimento e qualidade da fibra de juta. Abst., Agric. Res. (1992). Bangladesh Jute Res. Inst., Dhaka. p. 240.

Wahhab, M. A. e S. A. Hashim. 1992. Contribuição relativa de diferentes factores de produção modernos e tradicionais no rendimento de fibras da juta *C. capsularis* L.. Abst., Agric. Res. Bangladesh Jute Res. Inst. pp. 243.

Wang, Y.R.; J. G. Hampton e M. J. Hill. 1994. Teste de vigor do trevo vermelho: Efeitos de três variáveis de teste. Seed Sci. Tech. 22: 99-105.

Whyte, R.W. 1960. Crop production and environment. Faber and Faber Ltd. Londres. pp. 263-237.

Woyke H. (1997) Factors in seed development that affect quality. *Annales Universitatis Mariae Curie Sklodowska*. Secção EEE, Horticultura. 5: 267-293.

Wright, N. 1980. Taxa de germinação e características de crescimento do capim-pânico azul. Crop Sci. 20: 42-44.

Yaklich R. W. e M. M. Kulik. 1979. Avaliação de testes de vigor em sementes de soja: Relação entre o teste de germinação padrão, a classificação do vigor das plântulas, o comprimento das plântulas e a coloração com tetrazólio e o desempenho no campo. Crop Sci. 19: 247-252.

Yaklich, R. W.; M. M. Kulik e C. S. Garrison. 1979. Avaliação do vigor em sementes de soja: Influência da data de plantio e do tipo de solo na emergência, estande e rendimento. Crop Sci. 19: 242-246.

Yamauchi, M. e W. Tun. 1996. Vigor das sementes de arroz e estabelecimento de plântulas em solo anaeróbico. Crop Sci. 36: 680-686.

Zhang, J. e M. A. Mann. 1990. Variação do tamanho das sementes e seus efeitos no crescimento das plântulas em *Agropyron pasmmophilum*. Bot. Gaz. 151: 106-113.

I want morebooks!

Buy your books fast and straightforward online - at one of world's fastest growing online book stores! Environmentally sound due to Print-on-Demand technologies.

Buy your books online at
www.morebooks.shop

Compre os seus livros mais rápido e diretamente na internet, em uma das livrarias on-line com o maior crescimento no mundo! Produção que protege o meio ambiente através das tecnologias de impressão sob demanda.

Compre os seus livros on-line em
www.morebooks.shop

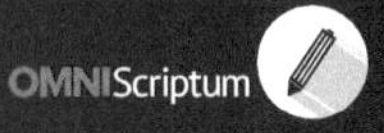

Printed by Books on Demand GmbH, Norderstedt / Germany